新形态教·学·练
一体化系列丛书
21世纪

U0181395

PPT
边做边学

微课视频版

龚玉清　赖宝山　编著

清华大学出版社
北京

内 容 简 介

本书是一本全面系统地讲述 PowerPoint(简称 PPT)演示文稿设计的专业书籍,以"学为中心、思政育人、实践应用、学用融合"为理念,以项目案例为载体,以设计引领操作,以操作实现设计,指导学习者由浅入深地掌握 PPT 设计的方法要领,边做边学,一学就会。

全书共 9 章:第 1 章是走进 PPT,讲述 PPT 的基本操作、设计原理和风格类型;第 2 章是文字设计,分类讲解 PPT 文字的字体选用、排版美化以及创新设计;第 3 章是形状创变,讲解形状在版式布局、区分层级、引导视线、创意设计等方面的创意与变化应用;第 4 章是图片巧用,通过多种方式,利用图片突出主体,聚焦主题,多变排版;第 5 章是图表展示,讲解如何美化图表,实现数据的可视化呈现;第 6 章是色彩搭配,讲解根据 PPT 主题进行色彩选择与搭配;第 7 章是版面设计,讲解从整体角度出发进行 PPT 版面设计,掌握基本原则、类型和步骤;第 8 章是动画设计,用实例讲解实现行云流水般自然流畅的动画效果;第 9 章是主题案例,重点讲述教学演示、体育运动、医疗医美、工作汇报等主题 PPT 案例设计的全过程。全书提供了实例的教学微视频、PPT 源文件、图文素材、课件等立体化的学习资源。

本书适合作为高等院校平面设计、数字媒体艺术、UI 设计、商务报告等专业相关课程的教材,也可作为方案演示、论文答辩、工作汇报、企业宣讲、景点介绍、产品推介等场合 PPT 设计的自学或培训参考用书。

图书在版编目(CIP)数据

PPT 边做边学:微课视频版/龚玉清,赖宝山编著.—北京:清华大学出版社,2024.3
(21 世纪新形态教·学·练一体化系列丛书)
ISBN 978-7-302-65714-9

Ⅰ.①P… Ⅱ.①龚… ②赖… Ⅲ.①图形软件—高等学校—教材 Ⅳ.①TP391.412

中国国家版本馆 CIP 数据核字(2024)第 045288 号

责任编辑:赵　凯
封面设计:刘　键
责任校对:韩天竹
责任印制:杨　艳

出版发行:清华大学出版社
　　　　网　　　址:https://www.tup.com.cn,https://www.wqxuetang.com
　　　　地　　　址:北京清华大学学研大厦 A 座　　　邮　　编:100084
　　　　社 总 机:010-83470000　　　邮　　购:010-62786544
　　　　投稿与读者服务:010-62776969,c-service@tup.tsinghua.edu.cn
　　　　质量反馈:010-62772015,zhiliang@tup.tsinghua.edu.cn
　　　　课件下载:https://www.tup.com.cn,010-83470236
印 装 者:三河市铭诚印务有限公司
经　　销:全国新华书店
开　　本:203mm×260mm　　　印　　张:17.75　　　　字　　数:470 千字
版　　次:2024 年 3 月第 1 版　　　印　　次:2024 年 3 月第 1 次印刷
印　　数:1~1500
定　　价:59.00 元

产品编号:099080-01

一份好的 PPT(PowerPoint 的简称),相当于汇报演示成功了一半。PPT 演示文稿,不仅要有形式上的美感、统一协调的风格,更要有清晰完整的逻辑、流畅自如的节奏。PPT 对文案的可视化设计和呈现,能够简洁、直接、准确地传达文案的主旨要义。

本书通过 PPT 项目案例的形式,按照文字、图形、图片、图表、色彩、版面、动画等多个要素的顺序,从元素到整体,从局部到全局,深入分析要素的特点和组合的规律,讲解设计 PPT 的基本思路和提升逻辑,从 PPT 原稿到成品设计,直观展示设计的全过程,突出 PPT 设计制作的实操性、应用性和设计感,注重 PPT 在论文答辩、商务演示、工作汇报、景点介绍、教学应用等多种场景应用,解决了"文本搬家""套用模板""重复堆砌"等种种问题。全书共分 9 章:

第 1 章走进 PPT,通过实例展示 PPT 设计的基本操作、设计原理和风格类型,关键是将设计理念融入具体操作中,通过操作实现设计思路,通过设计强化操作技能。

第 2 章文字设计,分类讲解 PPT 文字的字体选用、排版美化及创新设计,将文字,尤其是标题文字,设计成为 PPT 页面的聚焦点,解决"文案搬家"产生的层次不清晰、主题不突出的问题。

第 3 章形状创变,讲解形状在版式布局、区分层级、引导视线、创意设计等方面的应用案例。无论是简简单单的线条、方方正正的矩形、圆润柔和的圆形、棱角分明的六角形,还是千变万化、极富创意的合并形状,都可以极大地提升 PPT 设计的视觉效果,让人眼前一亮,页面焕然一新。

第 4 章图片巧用,讲解图片在 PPT 页面设计中的巧妙应用。图片既可以作为背景,也可以呈现内容,还可以装饰页面。选择使用的图片,首先要和表现的主题具有相关性,尽可能凸显主题;其次要根据页面内容做适当的调整,例如裁剪大小、降低透明度、删除背景等;最后,分辨率尽可能高,清晰细腻,有层次感。

第 5 章图表展示,讲解不同类型的图表在 PPT 设计中的应用,能够给人形象生动、对比直观之感。实际应用时,一是要选择合适的图表,力求精准表达数据;二是要适度美化,给人清晰明快之感;三是要突出特色,体现鲜明个性。

第 6 章色彩搭配,讲解色彩的基本概念及属性,根据 PPT 主题内容和行业特点进行色彩选择与搭配。一个画面主体的色彩应该控制在 3 种颜色之内,通过色相、明度、纯度的对比来丰富画面的色彩。

第 7 章版面设计,讲解如何进行合理的版面设计,既要对视觉要素进行合理排版设计,又要形神兼备地对主题进行视觉传达,处理好简单与复杂、对比与调和、对称与均衡的关系,从而使得 PPT 页面呈现出独特的节奏和韵律。

第 8 章动画设计,讲解 PPT 动画设计的基本类型和动画效果属性,动画的设计要始终围绕服务主题这一原则,不要为了动画而动画,不可画蛇添足,追求所谓的动感和酷炫,而应让PPT的演示如行云流水般自然流畅。

第9章主题案例,重点讲解教学演示、体育运动、医疗医美、工作汇报等主题PPT案例设计的全过程,展示PPT在文字设计、形状应用、图片排版、颜色搭配等方面如何形成统一的、符合主题的整体风格,体现特定场合的主题特点。

本书将设计理念融入PPT制作,通过54个项目案例和900余幅插图,翔实地讲解了改进PPT的设计步骤、提升思路和设计理念,以设计前后的效果对比强化设计效果,助力学习者从"会操作"跃升到"懂设计"的水准。本书具有以下突出特点。

(1)案例生动,思政育人。本书精选的PPT项目案例实用性强、内容覆盖面广,既有人物介绍、论文答辩、职场要求、体育运动、电子商务,也有社交礼仪、古诗文、旅游景点、述职报告、教学内容、研究报告等,契合了当前各种场景下的PPT设计应用需求。这些项目案例设计中,注重将思政元素融入素材,思政育人贯穿设计全过程。例如,设计"让党旗在防控疫情斗争第一线高高飘扬"PPT,弘扬党员在抗击疫情中发挥先锋模范作用和战斗精神;设计"院校宣传推介"的校园风PPT,增进对母校的感恩和情感认同;设计"母亲旅行记"PPT,引发学习者感念亲恩、自发向上的精神动力;设计"动物保护"主题PPT,培养学习者保护野生动物、珍爱大自然的主动意识。

(2)创新设计,对比效果。本书聚焦培养学习者设计PPT的创新思维和应用能力,打破设计PPT的惯性思维和固化思路,学习者一看就懂,照例能做,学而能用。对大多数没有美工基础的非美术设计专业的学习者,本书为学习者设计了一条思路清晰、层次分明的学习路线。PPT源文件提供了原稿和设计稿两个版本,学习者可以从中对比学习提高。案例实践证明,即使是非美术设计专业的学习者,也能够设计出具有美感和设计感的PPT作品。例如,设计"携程网电子商务介绍"PPT,从构图排版、配色设计、形状应用、图文融合等方面,大大地提升了原稿的设计美感,即使没有美工基础的学习者,也能够迅速提高PPT设计水平。

(3)立体资源,导学助学。本书提供了案例的教学微视频、素材、PPT源文件、课件等立体化的学习资源,助力学习者从"小白"走向"大咖"。本书所有知识点均配有相应的案例及操作步骤说明,每个案例均录制了教学微视频,通过本书的案例讲解和视频演示,学习者能够一看就懂,照例能做,学而能用。54个项目案例、600余分钟的微视频,为学习者提供了直观易学的辅导;课件提供了覆盖全部基础知识的内容,既可以为学习者自学使用,也可以为教师授课使用。

本书适合教育行业、商业领域、政府部门等各行各业的PPT制作者、应用者和爱好者,既可以作为办公软件应用、商务报告实务、演示文稿艺术设计等课程的教材,也可作为方案演示、论文答辩、工作汇报、企业宣讲、景点介绍、产品推广等场合PPT设计的自学或培训参考用书。

本书由珠海科技学院龚玉清、陆军步兵学院赖宝山编著,其中第1章、第2章、第3章、第4章、第7章、第9章由龚玉清编写,第5章、第6章、第8章及第9章的项目案例"岗位竞聘PPT整体性设计"由赖宝山编写。珠海科技学院旅游学院樊铭珊参与本书部分课件制作,陆军步兵学院胡萍搜集整理了"兵书大讲堂"中国风PPT案例素材,珠海科技学院计算机学院邓秀华参与了第1章的基础知识部分的编写工作。

本书得到广东省普通高校创新团队项目"机器学习创新团队"(编号:2021KCXTD015)的支持,同时也是广东省本科高校教学质量与教学改革工程建设项目在线开放课程"平面设计"(编号:2020006)、2021年度广东省一流本科课程"平面设计"(项目负责人:龚玉清)和"多媒体技术与应用"(项目负责人:王婧)、2021年度广东省课程思政改革示范课程"计算机应用基础"(项目负责人：龚玉清）、广东高校公共计算机课程教学改革项目"面向立德树人、铸魂育人的计算机应用基础课程思政案例研究"（编号：2021-GGJSJ-014）、2021 年度广东省本科高校教学质量与教学改革工程项目(高等教育教学改革建设项目)"计算机公共基础课程思政案例建设"（编号：2021004）、广东省重点建设学科科研能力提升项目"机器学习关键技术应用研究"（编号：2021ZDJS138）和"智慧大健康数据管理与算力平台关键技术应用研究"（编号：2022ZDJS139）、广东省高等学校教学管理学会课程思政建设项目"计算机应用基础"（编号：X-KCSZ2021066）、教育部产学合作协同育人项目"基于移动互联网和课程思政教育的计算机应用基础课程建设"（编号：202002021024）、2022 年度广东省本科高校在线开放课程指导委员会研究课题"基于在线开放课程的计算机公共基础课程思政建设路径研究"（项目编号：2022ZXKC561）的研究成果。在编写过程中得到珠海科技学院计算机学院梁艳春院长的大力支持。感谢清华大学出版社赵凯老师的细致审阅,她的专业精神激发了我们一线教师的无穷动力。

在本书的编写过程中,分析、研究了同类书籍和网站的 PPT 案例,并参考、借鉴了其设计的方法理念,其 PPT 版权属于原著者,在此表示衷心的感谢。

由于编者水平有限,书中不当之处在所难免,欢迎广大同行和读者批评指正。

2024 年 3 月 10 日

教学课件

CONTENTS
目 录

第 1 章　走进 PPT ……………………………………………………………………… 1

　1.1　PPT 基本操作 ……………………………………………………………………… 2
　　1.1.1　基础知识 ……………………………………………………………………… 2
　　1.1.2　项目案例：统一风格改进徽派建筑简介 PPT ……………………………… 6
　　1.1.3　项目案例：区分层级改进学生论文答辩 PPT ……………………………… 9

　1.2　PPT 设计原理 ……………………………………………………………………… 11
　　1.2.1　基础知识 ……………………………………………………………………… 11
　　1.2.2　项目案例：基于格式塔原理设计职场发型参考标准 PPT ………………… 16
　　1.2.3　项目案例：基于金字塔原理设计珠海航展 PPT …………………………… 19

　1.3　PPT 风格类型 ……………………………………………………………………… 22
　　1.3.1　基础知识 ……………………………………………………………………… 22
　　1.3.2　项目案例：兵书大讲堂中国风 PPT 封面页设计 …………………………… 28
　　1.3.3　项目案例：院校宣传推介的校园风 PPT 封面页设计 ……………………… 30

第 2 章　文字设计 ……………………………………………………………………… 33

　2.1　字体选择应用 ……………………………………………………………………… 34
　　2.1.1　基础知识 ……………………………………………………………………… 35
　　2.1.2　项目案例：文字版面划分改进握手礼仪 PPT ……………………………… 38
　　2.1.3　项目案例：图文排版改进羽毛球比赛发球规则 PPT ……………………… 40

　2.2　文字排版美化 ……………………………………………………………………… 43
　　2.2.1　基础知识 ……………………………………………………………………… 43
　　2.2.2　项目案例：利用排版原则改进携程网电子商务介绍 PPT ………………… 46
　　2.2.3　项目案例：图文排版改进抗疫主题 PPT 封面页 …………………………… 48

　2.3　文字创意设计 ……………………………………………………………………… 50
　　2.3.1　基础知识 ……………………………………………………………………… 50
　　2.3.2　项目案例：文字笔刷效果设计古诗文 PPT ………………………………… 54
　　2.3.3　项目案例：文字图片化设计茶卡盐湖天空之境 PPT ……………………… 56

第3章 形状创变 ……………………………………………………………… 58

3.1 分区的形状 ………………………………………………………… 59

3.1.1 基础知识 ……………………………………………………… 59

3.1.2 项目案例：利用矩形设计毕业论文答辩PPT封面页 ……… 61

3.1.3 项目案例：利用矩形划分项目研究报告PPT内容页版块 …… 63

3.2 多变的形状 ………………………………………………………… 64

3.2.1 基础知识 ……………………………………………………… 65

3.2.2 项目案例：组合矩形设计项目汇报PPT封面页 …………… 68

3.3 感性的形状 ………………………………………………………… 69

3.3.1 基础知识 ……………………………………………………… 70

3.3.2 项目案例：利用平行四边形凸显汽车的运动感 …………… 73

3.3.3 项目案例：利用平行四边形强化篮球运动员的速度感 …… 75

第4章 图片巧用 ……………………………………………………………… 78

4.1 删除背景，突出主体 ……………………………………………… 79

4.1.1 基础知识 ……………………………………………………… 79

4.1.2 项目案例：删除背景放大图片突出西瓜的鲜甜多汁 ……… 82

4.1.3 项目案例：删除背景突出剁椒鱼头菜品的香辣特色 ……… 84

4.2 图片裁剪，聚焦主题 ……………………………………………… 86

4.2.1 基础知识 ……………………………………………………… 86

4.2.2 项目案例：裁剪图片突出PPT动物保护主题 …………… 89

4.2.3 项目案例：六边形填充图片改进母亲旅行记PPT ………… 91

4.3 图片排版，灵活多变 ……………………………………………… 92

4.3.1 基础知识 ……………………………………………………… 92

4.3.2 项目案例：利用"图片版式"功能快速完成多图片排版 …… 95

4.3.3 项目案例：阳光男孩介绍PPT页面多样式图文排版 …… 97

第5章 图表展示 ……………………………………………………………… 101

5.1 图表类型，依需选择 ……………………………………………… 102

5.1.1 基础知识 ……………………………………………………… 102

5.1.2 项目案例：柱形图的选择与运用 …………………………… 106

5.1.3 项目案例：饼图的选择与运用 ……………………………… 110

5.2 图表美化，丰富呈现 ……………………………………………… 111

5.2.1 基础知识 ……………………………………………………… 111

5.2.2 项目案例：运用"图表设计"选项卡美化计算机使用情况统计图 … 116

5.2.3 项目案例：运用三维立体美化某公司年度销售额分布情况图 ……… 120

5.3 图表创意，突显特色 ……………………………………………… 124

5.3.1 基础知识 ……………………………………………………… 125

      5.3.2　项目案例:"某工程汽车制造公司销售情况表"柱形图形象填充 ………… 133

      5.3.3　项目案例:"某航空公司季度航班情况统计"条形图表背景墙设置 ………… 137

第6章　色彩搭配 ……………………………………………………………………… 142

  6.1　色彩属性,对比运用 …………………………………………………………… 143

      6.1.1　基础知识 ………………………………………………………………… 143

      6.1.2　项目案例:运用色相对比设计论文答辩 PPT 封面页 ……………… 152

      6.1.3　项目案例:运用渐变填充制作成果汇报 PPT 封面页 ……………… 153

  6.2　色彩象征,服务主题 …………………………………………………………… 155

      6.2.1　基础知识 ………………………………………………………………… 155

      6.2.2　项目案例:红色教育主题 PPT 的色彩选择与运用 ………………… 157

      6.2.3　项目案例:科技信息主题 PPT 的色彩选择与运用 ………………… 161

  6.3　色彩搭配,赏心悦目 …………………………………………………………… 165

      6.3.1　基础知识 ………………………………………………………………… 165

      6.3.2　项目案例:不同色调在 PPT 设计中的运用 ………………………… 171

      6.3.3　项目案例:运用类似色设计 PPT 页面 ……………………………… 174

第7章　版面设计 ……………………………………………………………………… 178

  7.1　构图要素,相互呼应 …………………………………………………………… 179

      7.1.1　基础知识 ………………………………………………………………… 180

      7.1.2　项目案例:多种形状设计多样化的 PPT 目录页 …………………… 184

      7.1.3　项目案例:多个圆角矩形创意设计 PPT 封面页 …………………… 186

  7.2　版面构图,多样变化 …………………………………………………………… 188

      7.2.1　基础知识 ………………………………………………………………… 188

      7.2.2　项目案例:院校介绍 PPT 全图型封面页设计 ……………………… 190

      7.2.3　项目案例:院校介绍 PPT 文字型内容页设计 ……………………… 192

  7.3　基本步骤,循序渐进 …………………………………………………………… 194

      7.3.1　基础知识 ………………………………………………………………… 194

      7.3.2　项目案例:时间轴设计微信 PPT 内容页 …………………………… 198

      7.3.3　项目案例:利用母版版式设计树状导航 …………………………… 200

第8章　动画设计 ……………………………………………………………………… 204

  8.1　动画基本类型 …………………………………………………………………… 205

      8.1.1　基础知识 ………………………………………………………………… 206

      8.1.2　项目案例:标题文字进入、强调与退出的动画设计 ……………… 214

      8.1.3　项目案例:定向越野路径的动画设计 ……………………………… 216

  8.2　动画基本设置 …………………………………………………………………… 217

      8.2.1　基础知识 ………………………………………………………………… 217

      8.2.2　项目案例:片头图片的缩放与延迟动画设计 ……………………… 222

8.2.3　项目案例：图表动画的设计与控制 ················ 225
8.3　综合动画设计 ································· 226
8.3.1　基础知识 ····························· 226
8.3.2　项目案例：公司发展时间轴的动画设计 ············· 233
8.3.3　项目案例：成果展示参观路线动画设计 ············· 237

第9章　主题案例 ································· 241

9.1　教学演示 PPT ······························ 242
9.1.1　项目案例：表格 PPT 内容页层次化设计 ············ 242
9.1.2　项目案例：文本 PPT 内容页图形化设计 ············ 243
9.1.3　项目案例：多图片 PPT 内容页突出主体设计 ·········· 244
9.2　体育运动 PPT ······························ 245
9.2.1　项目案例：跑步运动主题 PPT 封面页设计 ··········· 245
9.2.2　项目案例：运动鞋 PPT 广告页设计 ·············· 247
9.3　医疗医美 PPT ······························ 250
9.3.1　项目案例：医疗健康主题 PPT 设计 ·············· 250
9.3.2　项目案例：医美主题 PPT 设计 ················ 252
9.4　工作汇报 PPT ······························ 253
9.4.1　项目案例：工作总结报告 PPT 创意设计 ············ 253
9.4.2　项目案例：述职报告 PPT 图形化设计 ············· 255
9.4.3　项目案例：岗位竞聘 PPT 整体性设计 ············· 258

参考文献 ···································· 271

附录A　PPT 常用快捷键 ···························· 272

第1章

走进PPT

素材

本章概述

　　一份好的 PPT，应该既体现清晰的逻辑，又具有形式上的美感。PPT 不是文字的"搬家"，也不是图片的堆砌，而是基于文案的内在逻辑，通过信息的可视化设计，简洁、直接、准确地传达文案的主旨要义。本章通过实例展示 PPT 设计的基本操作、设计原理和风格类型，关键是将设计理念融入具体操作中，通过操作实现设计思路，通过设计强化操作技能。

学习目标

1. 熟悉 PPT 基本元素和工作界面。
2. 熟练掌握插入各类元素及修改格式。
3. 理解金字塔原理和格式塔原理的精髓要义。
4. 根据文案主题确立 PPT 风格类型。
5. 掌握使用背景、母版和主题等快速设置 PPT 风格的方法。

学习重难点

1. 基于金字塔原理设计 PPT 整体结构。
2. 基于格式塔原理排版设计 PPT 页面。

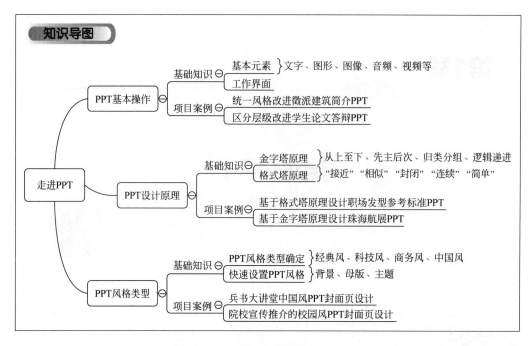

  PPT无处不在,无论是企业新产品的发布会,还是项目申报方案汇报,无论是教学培训课程,还是毕业论文答辩,无论是个人述职报告,还是团队活动介绍,凡此种种,都离不开PPT。PPT已经成为我们沟通的重要手段,但如何才能又好又快地设计出一份符合需要的PPT呢?"好"强调的是PPT质量高,体现在文字、形状、图片、表格、图表、色彩等元素的合理搭配,体现在PPT的整体设计感和层次感;"快"强调的是PPT制作效率高,体现在设计者能够根据文案预设多种设计思路,择其优者快捷高效地设计出PPT。

  本章将采用"基础知识+项目案例"的方式,深入讲解PPT设计的基本操作、设计原则、设计流程和设计风格,学习者既要通过案例逐步掌握基本技能操作,更要从中领悟蕴含其中的设计思路,形成自身特色的设计观,从简单操作的制作者成长为整体风格的设计者。

1.1 PPT 基本操作

  PPT基本操作大致可以分为两大类,一是针对文字、形状、图片、表格、图表、声音、视频等具体的各类对象的插入、格式设置等操作;二是针对PPT整体页面的主题、版式、背景、切换等操作。操作是设计的基础,没有操作基本功,设计理念也无从实现。所以,熟练掌握基本操作,是设计PPT的基本起点,也是提高效率的必由之路。

1.1.1 基础知识

1. 基本元素

  PPT页面上的所有对象都是PPT的元素,如文本框、图片、形状、表格、艺术字、图表、声音、视频等。这些元素是PPT的基本组成单位,每个元素均在幻灯片中占据一定的有效范围,在单击该元素后,选中状态如图 1-1 所示,在元素周围显现该元素的 8 个控制点,以及 1 个旋转控制柄,拖拽控制点或旋转控制柄,能够改变该元素的大小、位置和旋转角度等。

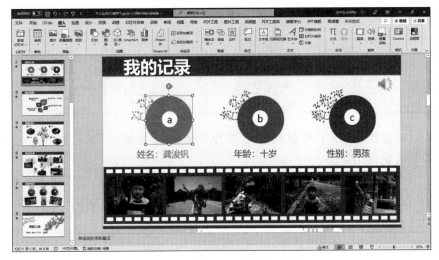

图 1-1　形状元素被选中的状态

(1) 文字元素。幻灯片上文字的存在形式与 Word 中文字的存在方式有所不同,它不能直接输入,需要在预先创建的文字元素中输入,如文本占位符、文本框、艺术字、图形等。**将这些文字元素添加到幻灯片中后,就可以如在 Word 中一样进行格式编排,也可以设置这些元素的动画效果。**

(2) 图形、图像元素。图形、图像元素主要包含各类位图和矢量图,如照片、形状、剪贴画等。PPT 支持的常见图形、图像文件类型如表 1-1 所示。

表 1-1　PPT 支持的常见图形、图像文件类型

类　　型	扩　展　名
位图:JPEG 文件交换格式(Web 质量)	*.jpg / *.jpeg / *.jfif / *.jpe
位图:可移植网络图形(打印质量)	*.png
位图:图形交换格式	*.gif
位图:Windows 位图	*.bmp / *.dib / *.rle
位图:Tag 图像文件格式	*.tif / *.tiff
矢量图:Windows 图元文件	*.wmf / *.emf(增强型图元文件)

将这些图形、图像元素添加到幻灯片中后,就可以如在 Word 中一样进行格式编排,也可以设置这些元素的动画效果。

(3) 音频、视频元素。PPT 支持的常见音频和视频文件类型如表 1-2 所示。

表 1-2　PPT 支持的常见音频和视频文件类型

	类　　型	扩　展　名
音　频	Mp3 auto file	*.mp3
	Windows auto file	*.wav
	Windows Media Auto file	*.wma
	Midi file	*.mid / *.midi
	Mp4 Audio	*.m4a

续表

类　　型		扩　展　名
视　频	Windows Media Video file	*.wmv
	Mp4 Video	*.mp4
	Adobe Flash Media	*.swf
	Movie file	*.mpeg / *.mpg / *.mpe
	QuickTime Movie file	*.mov
	Windows video file	*.avi

在 PPT 中可以设置这些文件的播放方式,如全屏播放、循环播放等;还可以进行裁剪,设置淡化持续时间,设置音量大小等。

（4）其他元素。除了以上的文本、图形、图像、音频、视频等元素外,幻灯片还集成了增强展示效果的其他元素,如图表、公式、表格、SmartArt 图形等,将这些元素添加到幻灯片中后,就可以对它们的格式进行编排,也可以设置这些元素的动画效果。

2. 工作界面

创建新的 PPT 后,启动以橙红色为主体的工作界面,如图 1-2 所示。

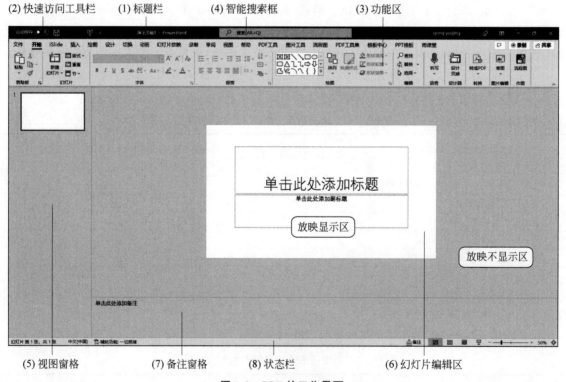

图 1-2　PPT 的工作界面

要掌握 PPT 的基本操作,首要任务是熟悉 PPT 的工作界面。工作界面主要由标题栏、快速访问工具栏、功能区、智能搜索框、视图窗格、幻灯片编辑区、备注窗格和状态栏等部分组成,下面分别进行介绍。

（1）标题栏。标题栏主要用于显示当前正在编辑的演示文稿的名称。标题栏的右侧自左向右分别为：“功能区显示选项”“最小化”“最大化/向下还原”“关闭”按钮。其中功能区显示选项 可以设置是否显示功能区选项卡和命令，方便用户最大化编辑演示文稿。

（2）快速访问工具栏。快速访问工具栏用于显示常用的工具按钮。默认情况下包含“保存”“撤销”“恢复”“从头开始”4个快捷工具按钮。定义快速访问工具栏后，用户无须再在功能区中查找常用工具，可以极大地提高PPT的操作效率。

用户可以根据需要，按各自使用习惯，将一些常用的功能按钮顺序添加到自定义快速访问工具栏处，从而创建个性化的快速访问工具栏。

（3）功能区。功能区由多个选项卡组成，每个选项卡包含了不同的功能组。单击各个选项卡，即可以切换到相应的选项卡。

常用的功能选项卡有：

“开始”选项卡：主要包含“剪贴板”功能区，可以进行剪切、复制、粘贴、格式刷操作；“幻灯片”功能区：新建幻灯片及其版式设置；“字体”功能区：进行文字的字体、字号、字体颜色等设置；“段落”功能区：进行项目符号、编号、对齐方式、文字方向和对齐文本等基本排版设置；“绘图”功能区：进行形状的插入、填充、轮廓及效果等设置；“编辑”功能区：包括查找、替换、选择等功能，其中“替换字体”功能很实用，可以一键替换PPT中的某个字体，无须逐一修改文本。

“插入”选项卡：包括“幻灯片”“表格”“图像”“插图”“文本”“符号”“媒体”“链接”“批注”等功能区。支持向幻灯片中插入多种对象，丰富幻灯片的设计元素，例如表格、图片、相册、图形、SmartArt图、图表、文本框、艺术字、视频和声音等。

“设计”选项卡：包括“主题”“变体”“自定义”“设计器”等功能区，能够完成幻灯片主题及颜色、字体、背景、效果的设定，多种主题样式的设置，幻灯片大小尺寸的设置等操作。

“切换”选项卡：包括“预览”“切换到此幻灯片”“计时”等功能区，主要是为幻灯片设置换页方式和效果等。

“动画”选项卡：包括“预览”“动画”“高级动画”“计时”等功能区，主要为幻灯片中的元素设置动画，并通过动画窗格对多个动画进行动画设置等。

“幻灯片放映”选项卡：包括“开始放映幻灯片”“设置”“监视器”“辅助字幕与字幕”等功能区，主要为幻灯片设置放映方案及其具体效果等。

“审阅”选项卡：包括“校对”“辅助功能”“语言”“中文简繁转换”“批注”“比较”“墨迹”等功能区，提供检查、比较、批注、墨迹等审阅功能。

“视图”选项卡：包括“演示文稿视图”“母版视图”“显示”“缩放”“颜色/灰度”“窗口”“宏”等功能区，主要提供多种演示文稿视图、多种母版视图，支持多种设定和窗口切换。

其他选项卡：除了以上功能选项卡外，在添加或选择了某幻灯片元素（如图表、图片、表格等）时，在功能区选项卡右侧会自动出现相应的工具选项卡。图1-3所示为选定图片后，系统自动出现的“图片格式”选项卡。

（4）智能搜索框。在PPT功能区上方有一个智能搜索框，是PPT的新增功能。它可以帮助用户快速获得想要使用的功能或想要执行的操作，还可以获取相关的帮助，该功能的加入使PPT更人性化和智能化。如果忘记或不清楚哪个操作在哪里，可以在智能搜索框中输入该操作的关键字，就可以快速定位到相应的操作界面。

（5）视图窗格。视图窗格位于幻灯片编辑区的左侧，用于显示演示文稿的幻灯片数量及位置。在“普通视图”模式下，视图窗格显示演示文稿的所有幻灯片的缩略图，如图1-3所示；在“大纲视

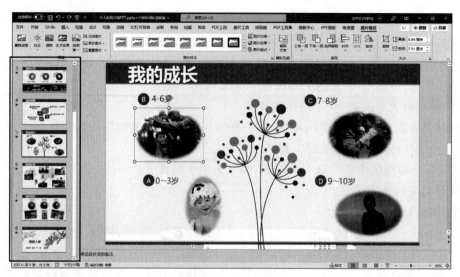

图1-3 视图窗格

图"模式下,视图窗格显示演示文稿的所有幻灯片的文本内容和组织结构。视图窗格的大小可以通过鼠标拖拽"视图窗格"与"幻灯片编辑区"间的窗格边界线来改变。

(6)幻灯片编辑区。幻灯片编辑区位于窗口的正中间白色区域,是PPT工作界面的核心部分,主要用于显示和编辑当前幻灯片。根据幻灯片放映时是否显示,幻灯片编辑区可以分为可显示区与不可显示区。放映时可见的为显示区;呈灰色区域的不可显示区仅在编辑幻灯片时可见,而放映时不可见,如图1-2所示。

(7)备注窗格。备注窗格位于幻灯片编辑区的下方,通常用于为幻灯片添加注释说明,如幻灯片的内容摘要、提示注解和备用信息等。可以通过鼠标拖拽"备注窗格"与"幻灯片编辑区"之间的窗格边界线,来调整备注窗格的大小,也可以单击状态栏上的 ≡备注 按钮,设置备注窗格的显示状态。

(8)状态栏。状态栏位于窗口底端,用于显示当前幻灯片的页面信息。状态栏(如图1-4所示)右端为视图按钮区和缩放比例控制区,用鼠标拖动状态栏右端的缩放比例滑块,可以调节幻灯片的显示比例。单击状态栏右侧的"使幻灯片适应当前窗口" ⊞ 按钮,可以使幻灯片显示比例自动适应当前窗口的大小。

图1-4 状态栏

可利用"幻灯片放映"Shift+F5组合键放映当前幻灯片,方便用户查看幻灯片动画、切换等效果。

利用Ctrl+鼠标滑轮滚动,可以放大或者缩小当前幻灯片,适用于对某些需要精确编排对象的操作,例如绘制图形、顶点编辑、对象叠放等。

1.1.2 项目案例:统一风格改进徽派建筑简介PPT

视频讲解

一份完整的PPT,包括封面页、目录页、过渡页、正文页(内容页)和结尾页5部分。每个部分的页面应该呈现和谐统一的风格,具体表现在页面色调、文本字体颜色、形状格式、图片格式、图表格式等。下面以一份教学课件PPT页面为例,分步骤展示PPT页面改进的过程,很好地将基本操作和设计理念融合在一起。

本案例以语文教学"徽派建筑简介"PPT为例,通过修改文本字体、插入形状、图片和设置背景,突出简约大方、古朴端庄的特色,具体操作步骤如下。

(1)打开"徽派建筑简介"PPT原稿,该PPT页面插入了一大段文字,文字过多,没有区分层级,学习者无法较快地辨识文本内容,如图1-5所示。

(2)提炼文本内容,将文本区分为三个段落,如图1-6所示。

徽派建筑在总体布局上,依山就势,构思精巧,自然得体;在平面布局上规模灵活,变幻无穷;在空间结构和利用上,造型丰富,讲究韵律美,以马头墙、小青瓦最有特色;在建筑雕刻艺术的综合运用上,融石雕、木雕、砖雕为一体,显得富丽堂皇。古徽州盛行敦本敬祖之风,各村均建祠堂,且有宗祠、支祠、家祠之分。据《寄园寄所寄》载:"聚族而居,绝无一杂姓搀入者。其风最为近古。出入齿让,姓各有宗祠统之,岁时伏腊,一姓村中千丁皆集,祭用朱文公家礼,彬彬合度。"黟县南屏全村共有30多座祠堂,宗祠规模宏伟、家祠小巧玲珑,形成一个风格古雅的祠堂群。村前横店街,200米内就有八座祠堂。"序秩堂"和"程氏宗祠"为两大宗祠,另有三座支祠和三座家祠,可以称得上是中国封建宗法势力的博物馆。古徽州名门望族修祠扩宇、营建支祠,规模胜似琼楼玉宇,以显示家族的昌盛。	· 徽派建筑在总体布局上,依山就势,构思精巧,自然得体;在平面布局上规模灵活,变幻无穷;在空间结构和利用上,造型丰富,讲究韵律美,以马头墙、小青瓦最有特色;在建筑雕刻艺术的综合运用上,融石雕、木雕、砖雕为一体,显得富丽堂皇。 · 古徽州盛行敦本敬祖之风,各村均建祠堂,且有宗祠、支祠、家祠之分。据《寄园寄所寄》载:"聚族而居,绝无一杂姓搀入者,其风最为近古。出入齿让,姓各有宗祠统之,岁时伏腊,一姓村中千丁皆集,祭用朱文公家礼,彬彬合度。" · 黟县南屏全村共有30多座祠堂,宗祠规模宏伟、家祠小巧玲珑,形成一个风格古雅的祠堂群。村前横店街,200米内就有八座祠堂。"序秩堂"和"程氏宗祠"为两大宗祠,另有三座支祠和三座家祠,可以称得上是中国封建宗法势力的博物馆。古徽州名门望族修祠扩宇、营建支祠,规模胜似琼楼玉宇,以显示家族的昌盛。
图1-5 PPT正文页	**图1-6 将文本分段**

(3)将文本所在的形状填充颜色设为灰色(♯D9D9D9),如图1-7所示。

(4)提炼出三个段落的关键中心句,字体设为"微软雅黑",使各个段落的区分度有了提升,如图1-8所示。

徽派建筑在总体布局上,依山就势,构思精巧,自然得体;在平面布局上规模灵活,变幻无穷;在空间结构和利用上,造型丰富,讲究韵律美,以马头墙、小青瓦最有特色;在建筑雕刻艺术的综合运用上,融石雕、木雕、砖雕为一体,显得富丽堂皇。古徽州盛行敦本敬祖之风,各村均建祠堂,且有宗祠、支祠、家祠之分。据《寄园寄所寄》载:"聚族而居,绝无一杂姓搀入者。其风最为近古。出入齿让,姓各有宗祠统之,岁时伏腊,一姓村中千丁皆集,祭用朱文公家礼,彬彬合度。"黟县南屏全村共有30多座祠堂,宗祠规模宏伟、家祠小巧玲珑,形成一个风格古雅的祠堂群。村前横店街,200米内就有八座祠堂。"序秩堂"和"程氏宗祠"为两大宗祠,另有三座支祠和三座家祠,可以称得上是中国封建宗法势力的博物馆。古徽州名门望族修祠扩宇、营建支祠,规模胜似琼楼玉宇,以显示家族的昌盛。	**徽派建筑特点。**在总体布局上,依山就势,构思精巧,自然得体;在平面布局上规模灵活,变幻无穷;在空间结构和利用上,造型丰富,讲究韵律美,以马头墙、小青瓦最有特色;在建筑雕刻艺术的综合运用上,融石雕、木雕、砖雕为一体,显得富丽堂皇。 **徽派建筑起源。**古徽州盛行敦本敬祖之风,各村均建祠堂,且有宗祠、支祠、家祠之分。据《寄园寄所寄》载:"聚族而居,绝无一杂姓搀入者。其风最为近古。出入齿让,姓各有宗祠统之,岁时伏腊,一姓村中千丁皆集,祭用朱文公家礼,彬彬合度。" **徽派建筑分布。**黟县南屏全村共有30多座祠堂,宗祠规模宏伟、家祠小巧玲珑,形成一个风格古雅的祠堂群。村前横店街,200米内就有八座祠堂。"序秩堂"和"程氏宗祠"为两大宗祠,另有三座支祠和三座家祠,可以称得上是中国封建宗法势力的博物馆。古徽州名门望族修祠扩宇、营建支祠,规模胜似琼楼玉宇,以显示家族的昌盛。
图1-7 文本背景设为灰色	**图1-8 提炼关键中心句**

(5)插入一张徽派建筑的图片,与介绍文本并排放置;文本内容太多,分为3页幻灯片展示;文本正文内容的字体设为"楷体",文本所在的矩形背景设为浅青绿色(♯DBF5F9),如图1-9所示。

(6)插入一张山水乡村的图片,置于底层作为背景,该图片为去色的灰度图片,与文本矩形和徽派建筑图片较为融合,整体色调统一,如图1-10所示。

图1-9 插入徽派建筑图片

图1-10 插入山水图片作为背景

　　(7) 单击"插入"选项卡→"插图"功能区→"形状"按钮,在弹出的下拉列表中,单击选择"箭头总汇"中的"箭头:五边形",插入一个五边形。按键盘快捷键 Ctrl+D 键,将五边形复制一份;在"设置形状格式"窗格中,将这两个五边形的填充颜色分别设为深青绿色(♯115964)和浅青绿色(♯B3EAF2),相互叠加,稍微错落摆放,形成较好的层次感;右击选择上层的五边形,在快捷菜单中单击选择"编辑文字"命令,输入文字"徽派建筑简介",完成效果如图 1-11 所示。

　　(8) 单击选中背景图片,在"设置图片格式"窗格的"图片"选项卡中,将"图片透明度"中的"透明度"设为"35%",适当降低背景图片的透明度,突出主体。这样就完成了第一种设计效果,如图 1-12 所示。

图 1-11　插入五边形及标题文字

图 1-12　第一种完成效果

　　(9) 将原来的徽派建筑图片删除,插入另一张徽派建筑图片,如图 1-13 所示。

　　(10) 单击选择该图片,单击"图片格式"选项卡→"调整"功能区→"删除背景"按钮,将图片的蓝天白云背景删除,删除背景的效果如图 1-14 所示。

图 1-13　插入徽派建筑图片

图 1-14　删除图片背景的效果

　　(11) 复制文本矩形,删除文字,将该矩形的左右两边分别与页面的左右侧对齐。调整文字的位置,进一步将文本区分为四个段落。插入一个文本框,输入标题文字"徽派建筑简介",字体设为"方正行楷",字号设为"48";完成效果如图 1-15 所示。

　　(12) 将各段落关键词的字色改为深青色(♯115964),字体设为"微软雅黑",完成第二种设计效果,如图 1-16 所示。

　　本案例展示了两种图文排版方式,一种是左图右文的排版,另一种是拦腰设计的排版,很好地提升了 PPT 页面的设计感和层次感。页面的整体色调统一,层次分明,文字的字号大小与标题或正文的级别是相关的,最大的字号是标题,其次是各段落的关键词和正文。

图 1-15　插入矩形与文本矩形对齐

图 1-16　第二种设计效果

1.1.3　项目案例：区分层级改进学生论文答辩PPT

视频讲解

通过设置不同的文本字号、字体，以区分文本的层级，能够大大地提高文本的辨识度，有利于观看者快速把握PPT的主要内容。添加图片提高PPT页面的可视化程度和内容辨识度，有利于提高信息传递的效果，但是选取的图片和说明的文本内容应该有密切的相关性，这样才不至于为了可视化而可视化。

本案例以一页学生论文答辩的PPT页面为例，通过图片的选取与缩放、形状的设置、色彩的应用等，展示如何改进该页PPT，具体方法步骤如下。

（1）打开学生论文答辩PPT原稿，该页面中的图文层叠繁杂累赘，图片与文本内容无关，大段文本影响阅读的效率，如图1-17所示。

（2）将图片适当裁剪缩小，放置于页面左侧；文本所在形状填充设为"无填充"，图文左右并列摆放，不重叠，如图1-18所示。

图 1-17　PPT原稿

图 1-18　左图右文

（3）校园图片与主题无关，将图片更改为一张垃圾分类的图片，该图片和主题密切相关，如图1-19所示。

（4）将文本内容区分为3个段落，并提炼出每个段落的关键主题词"重要意义""分类现状""研究主题"，将这些关键词的字色设为标准色的深红（♯C00000），字体设为"微软雅黑"；正文字色依然为黑色（♯000000），字体设为"楷体"，效果如图1-20所示。

（5）设置正文文本的段落间距为"段前：18磅"，这样3个段落之间能够较好地区分，效果如图1-21所示。

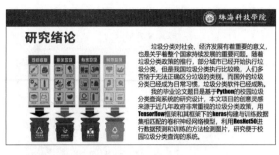

图 1-19　更换图片

图 1-20　提炼关键词并设置字体

（6）插入一个圆角矩形，形状填充设为"无填充"，形状轮廓设为"虚线"中的"圆点"，颜色设为标准色的深红（♯C00000），粗细设为"2磅"，完成后的效果如图1-22所示。

图 1-21　设置段落间距

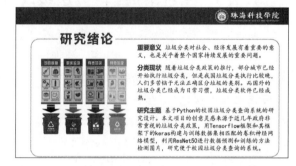

图 1-22　完成效果

（7）改变页面的版式布局。删除圆角矩形线框，通过拖拽红色矩形的控制点调整大小和位置，并将其放置在页面的左侧，呈现左右布局，标题文字"研究绪论"的字色设为白色（♯FFFFFF），调整后的效果如图1-23所示。

（8）也可以将红色矩形色块放置在右侧，也是左右布局，图片的背景和页面的背景颜色均设为白色（♯FFFFFF），二者较好地融合在一起。注意校名及校徽的颜色改为红色（♯EA2B57），标题文字"研究绪论"的颜色设为深红色（♯C00000），效果如图1-24所示。

图 1-23　调整为左右布局

图 1-24　红色色块移至右侧

（9）改变版式，将红色矩形色块放置在页面的上侧，占据1/3页面，呈现上下布局，完成后的效果如图1-25所示。

（10）改变页面主色调为蓝色（♯0065B0），使用取色器单击图片的第一个垃圾桶，以选取该颜色,完成后的效果如图 1-26 所示。

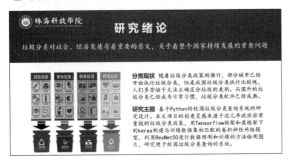

图 1-25　上下布局

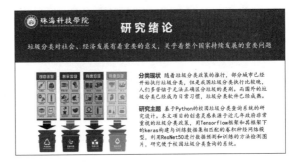

图 1-26　页面主色调改为蓝色

(11) 改变页面主色调为深青色(♯03675D)。使用取色器单击图片的第二个垃圾桶,以选取该颜色,完成后的效果如图 1-27 所示。

(12) 改变页面主色调为褐色(♯C7681D)。使用取色器单击图片的第四个垃圾桶上方箭头,以选取该颜色,完成后的效果如图 1-28 所示。

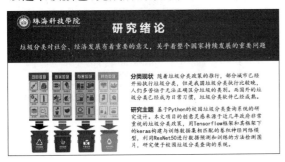

图 1-27　页面主色调改为深青色

图 1-28　页面主色调改为褐色

1.2　PPT 设计原理

　　一张 PPT 页面为什么好看?是因为遵循了某些内在的规律或者原理。有的设计者强调电影思维,借用电影拍摄和编辑的理念和手法,对 PPT 进行设计;有的设计者偏重对齐、对称、对比等方法,通过文本字号大小和颜色的反差,形成强烈的反差和有规律的层次感;有的设计者偏重技法的应用,以小见大,能够将图文设计出和谐的美感。

　　看得见的是元素,看不见的是隐藏在所有这些元素背后的逻辑。PPT 设计基于两个基本原理,一是金字塔原理,关系到思考、表达和解决问题的逻辑;二是格式塔原理,通过接近、相似、封闭、连续和简单的规则,将多个元素构设成为一个整体。这两个设计原理中,前者是对文案的梳理和解析,后者是对 PPT 元素的整合,是设计者设计 PPT 的逻辑起点和基本依据。

1.2.1　基础知识

1. 金字塔原理

金字塔原理是一种重点突出、逻辑清晰、主次分明的逻辑思路、表达方式和规范动作。金字塔的基本结构是中心思想明确,结论先行,以上统下,归类分组,逻辑递进。金字塔原理强调:先重要后次要,先全局后细节,先结论后原因,先结果后过程。

金字塔原理能够帮助PPT演讲者达到如下沟通效果:重点突出、思路清晰、主次分明,让受众有兴趣、能理解、记得住。金字塔原理的提出者是麦肯锡国际管理咨询公司的咨询顾问芭芭拉·明托。金字塔原理非常适合指导PPT设计,体现了思想之间的纵向或者横向的联系脉络。纵向联系是指任何一个层次的思想都是对其下面一个层次的思想的总结;横向联系是指多个思想共同组成一个逻辑推断式,并列组织在一起。所有思想集合在一起就构成了一个金字塔结构。

金字塔实际上是对文案的逻辑关系的一种形象化的表达,这种逻辑关系既可以是同一层级的并列关系,也可以是上下层级之间的总分关系,金字塔原理结构如图1-29所示。

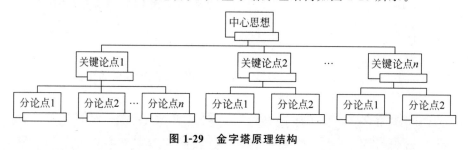

图 1-29　金字塔原理结构

可以利用金字塔原理设计PPT整体结构。尽管PPT的页面是一页一页顺序展示的,但是页面与页面之间存在前后关联,形成总体上的逻辑框架。根据金字塔原理,可以将一份完整的PPT分为封面页、目录页、过渡页、内容页(正文页)和结尾页五个组成部分,整体结构如图1-30所示。

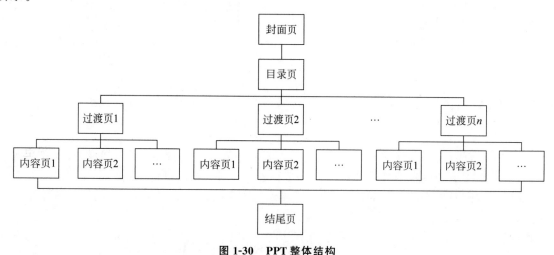

图 1-30　PPT 整体结构

在设计制作PPT之前,一定要提炼文案不同层级的关键点和中心句,形成层级清晰、逻辑严谨的结构,为PPT设计打下基础。下面以一篇学生毕业论文答辩PPT为例,介绍PPT整体结构框架。

(1)封面页。封面页的第一要素就是PPT介绍的主题,应该醒目突出,在大小和位置关系上其他元素都应当让位于这个封面标题,以突出主次关系。例如"基于大数据的个性化智能推荐就业系统的设计与实现"这个标题最为突出,如图1-31所示。

图 1-31　封面页

（2）目录页。目录页是PPT的纲要目录，结构要清晰，目录项之间序号层次应一目了然，如图 1-32 所示。

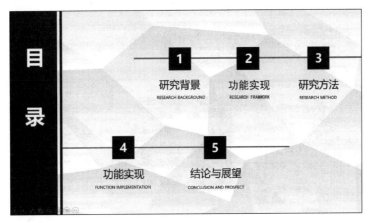

图 1-32　目录页

（3）过渡页。过渡页显示的是一级目录的标题内容，起着衔接上下文、承上启下的作用，同时提示接下来要介绍的内容，如图 1-33 所示。

图 1-33　过渡页

（4）内容页。内容页展示的是PPT正文的内容,每一页内容页,应当聚焦于一个主要观点或者思想,不应当过于分散。本例介绍第2部分,即功能实现,其中一个页面介绍"职位浏览功能",如图1-34所示;一个页面介绍"系统功能结构",如图1-35所示。

图1-34　内容页一

图1-35　内容页二

（5）结尾页。结尾页是整个PPT的结束,同样应当简洁大方,表达感谢或者期望,如图1-36所示。

图1-36　结尾页

2. 格式塔原理

著名设计大师罗宾·威廉姆斯说过,任何元素都不能在页面上随意安放,每一项都应当与页面上的某个内容存在某种视觉联系。这句话其实揭示的就是格式塔原理。格式塔原理应用到PPT设计中时,设计者应当注意到:PPT页面上的所有元素应当成为组成整个页面整体的必要部分,而不是可有可无的。

格式塔源自德语Gestalt,意思为"整体、完形",三位德国心理学家韦特海墨、考夫卡和苛勒将这种整体特性运用到心理学研究中,创立了格式塔理论,也被称为完形理论。格式塔原理的核心理论是:我们习惯于以规则、有序、对称和简单的方式把不同的元素加以简单地组织,正是通过一个不断组织、简化、统一的过程,才产生出易于理解、协调的整体。

基于格式塔原理设计PPT页面,能够指导设计者通过一定的方法有效整合多个元素,使之在心理视觉上成为一个整体,从而解决PPT页面缺乏整体感的问题。格式塔原理的主要思想(如图1-37所示)揭示了PPT页面元素之间存在的隐蔽的联系,PPT元素设计的具体原则,例如对齐、亲密、对比和重复,都体现了格式塔原理的应用。

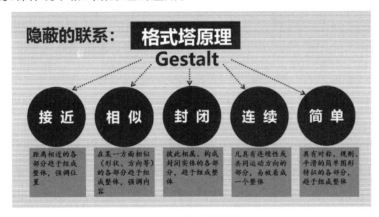

图 1-37　格式塔原理

例如,一页介绍数据分类的PPT页面(如图1-38所示),采用圆角矩形作为两类数据的背景,插图也设置为圆角,这种形状外形上的相似性,会让人产生视觉心理上的整体感;同样的,一页介绍人工智能学派的PPT页面(如图1-39所示),3个相似的圆角矩形排列,很容易让人认同结构上的并列关系,视觉上也认为是一页完整的PPT页面。

图 1-38　格式塔原理相似性的应用一

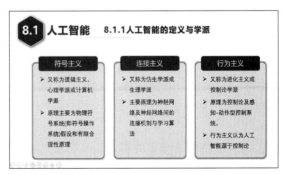

图 1-39　格式塔原理相似性的应用二

1.2.2 项目案例：基于格式塔原理设计职场发型参考标准PPT

一份介绍职场发型参考标准的PPT页面,基于格式塔原理进行了改进设计,通过插入图形、设置背景、设置图片格式等方式提升整体视觉效果,具体方法步骤如下。

(1)打开一份介绍职场发型参考标准PPT原稿,该页面中文本从上到下排列,占据页面较多,不能很好地体现两段文本之间的并列关系,如图1-40所示。

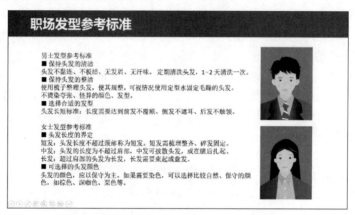

图1-40　职场发型参考标准PPT原稿

(2)暂时先将图片删除,将男士发型、女士发型的说明文本分拆成两个文本框,并列摆放,体现出了空间区分感和并列关系,如图1-41所示。

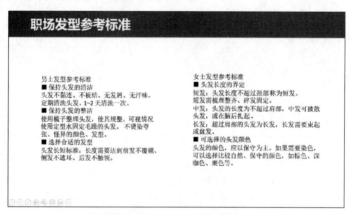

图1-41　文本左右并列排版

(3)单击"插入"选项卡→"插图"功能区→"形状"按钮,在弹出的下拉列表中单击"矩形"中的"矩形:剪去左右顶角"选项,将该形状的形状填充设为"无填充",形状轮廓颜色设为蓝色(♯0070C0),形状轮廓的"粗细"设为"3磅",使两个区域的文本区分更加明显,效果如图1-42所示。

(4)适当精简文字内容。插入男士、女士的发型示意图,如图1-43所示。

(5)单击"图片格式"选项卡→"调整"功能区→"删除背景"按钮,删除两张发型示意图的蓝色背景,缩小发型示意图并置于矩形框的上方;删除标题所在的蓝色矩形色块,并将标题文字颜色改为深蓝色(♯085091),置于页面中心居上,页面呈现左右对称布局,如图1-44所示。

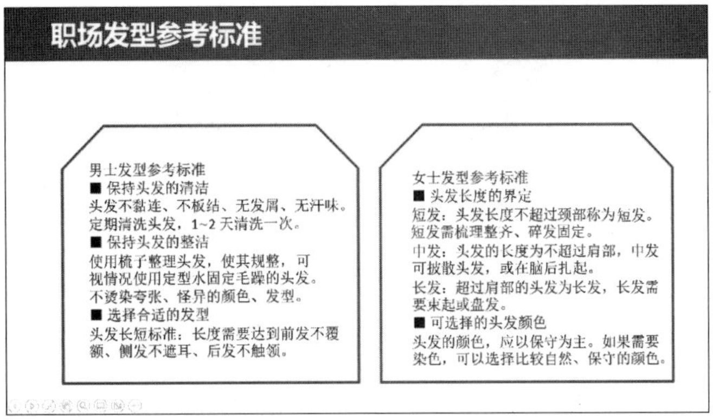

图 1-42 插入两个形状

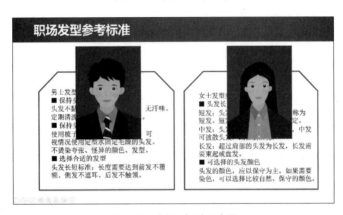

图 1-43 插入发型示意图

图 1-44 删除图片背景

（6）将两个区域的文本标题的字体设为"微软雅黑"，字号设为"22"，颜色设为深蓝色（♯085091），文本的层级区分效果更好；选择图片，单击"图片格式"选项卡→"图片样式"功能区→"图片效果"按钮，在弹出的下拉列表中单击"映像"命令→"映像变体"中的"紧密影像：接触"，完成效果如图 1-45 所示。

（7）白色页面稍显单调，更改背景效果。单击"设计"选项卡→"自定义"功能区→"设置背景格式"按钮，在弹出的"设置背景格式"窗格中，设置填充为"图案填充"，图案选为"对角线：浅色上对

图 1-45　设置图片映像效果

角",前景设为浅蓝色(♯D8EBFC),背景设为白色(♯FFFFFF);两个矩形设为"纯色填充",填充颜色设为浅蓝色(♯C4EFFF),透明度设为"26%",这样设置的半透明效果更有层次感,如图 1-46所示。

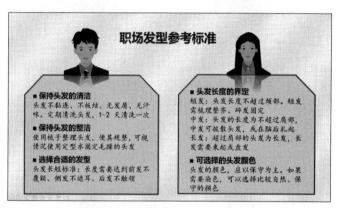

图 1-46　设置背景及矩形的填充效果

(8)将矩形改为"矩形：圆顶角",感觉圆润一些,效果如图 1-47 所示。

图 1-47　矩形改为圆顶角矩形

(9)将矩形填充颜色设为深蓝色(♯034ABD),矩形内的文本颜色改为白色(♯FFFFFF),效果如图 1-48 所示。

图 1-48　矩形填充为深蓝色

（10）将矩形填充颜色设为鲜绿色（♯0C9B74），标题颜色改为绿色（♯08684E），背景图案的前景色改为浅绿色（♯E5F4E0），效果如图 1-49 所示。

图 1-49　整体色调改为绿色

本案例设计采用相同形状的矩形作为文本背景，同级别的标题采用相同的字体和字号，标题颜色和矩形的轮廓或填充颜色均为同一色系，体现了格式塔原理的相似性；男女发型要求的文本分别在两个独立的线框内，体现了格式塔原理的封闭性。

1.2.3　项目案例：基于金字塔原理设计珠海航展 PPT

金字塔原理提供了一种结构化的思维方法，即从顶层到底层的逐步细化的过程，在这个过程中，需要针对文案进一步精简，提炼重要信息。那么哪些是重要的关键信息呢？哪些是次要信息呢？哪些又是可有可无的信息呢？这需要根据该信息所处的金字塔层级来判定。本例以介绍珠海航展的 PPT 为例，展示金字塔原理的具体应用，具体设计思路和方法如下。

视频讲解

（1）PPT 第一页（如图 1-50 所示），插入一段 5s 的视频，并逐渐淡入显现字幕"军事讲堂"，字体设为"微软雅黑"，字号设为"66"，颜色设为标准色的黄色。这是为了吸引观众注意，并点出活动主题。

（2）PPT 第二页（如图 1-51 所示），是封面页，以蓝天白云图片作为背景，插入标题"第 12 届珠海航展"，标题中的"珠海"两个字分开作为两个文本框，字体设为"叶根友刀锋黑草"，文字"珠"的字号设为"138"，颜色设为黄色（♯FFFF00），文字"海"的字号也设为"138"，颜色设为绿色（♯00FF00），两个字错落摆放,使得页面更为生动活泼;标题的其他文字字体设为"微软雅黑",字号设为"80";英文"ZHUHAI AIRSHOW"字色设为白色,字号设为"32"。封面页效果如图。

图 1-50　PPT 视频引导页

图 1-51　封面页

(3) PPT 第三页是目录页,插入一张星空图片作为背景,文字字体均设为"微软雅黑",文字颜色设为白色。并列的标题提纲挈领,简明地给出 PPT 内容的主要目录,如图 1-52 所示。

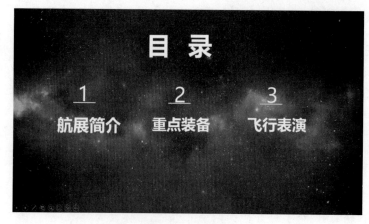

图 1-52　目录页

（4）PPT第四页是第一个目录的过渡页，显示该目录的主要信息，如图1-53所示。

图1-53　过渡页

（5）接下来是正文的内容页，图1-54所示页面列出了航展的相关数据，这些都是重要信息，其他信息无需赘言。

（6）图1-55内容页插入了3张图片，并设置了图片边框、阴影等效果，注意3张图片的倾斜角度一致，这种整体一致性符合格式塔原理。

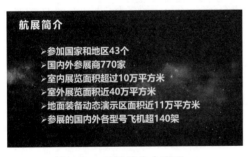

图1-54　航展简介内容页一

图1-55　航展简介内容页二

（7）图1-56为第二个目录内容的过渡页。

（8）图1-57为介绍"歼20"战斗机的内容页，插入了3张歼20飞行状态的图片。

图1-56　过渡页

图1-57　内容页

（9）图1-58为第三个目录内容的过渡页。

（10）图1-59为结尾页，简洁明了。

图 1-58 过渡页

图 1-59 结尾页

以上就是一份基于金字塔原理设计的PPT,具备从封面页到目录页,从过渡页到内容页的完整结构;具体到每一个PPT页面,体现了先主后次、逻辑递进的关系。

1.3 PPT 风格类型

PPT 的风格类型是指文字、图片、形状、图表、色彩等多种元素综合呈现的整体特征,例如经典风、科技风、商务风、中国风、扁平化、微立体等。PPT 的风格类型多种多样,千变万化,不同的风格类型采用不同特征的元素,适用于不同的场景。例如,经典风适合工作报告、精神宣讲、岗位述职等场景;科技风适用于科技主题的演讲、计算机类的论文答辩等场景;商务风适用于商业路演、产品推介、营销广告等场景;中国风适合语文学科教学、国学讲座、国学馆介绍等场景。

1.3.1 基础知识

1. PPT 风格类型确定

设计制作 PPT 之前,首先要根据文案的主题和应用场景,确定 PPT 的整体风格,然后根据设计需求,搜集、整理和设计所需要的素材和元素。根据应用场景,可以将 PPT 分为演示型 PPT 和阅读型 PPT。演示型 PPT 页面元素精炼,简洁大方;阅读型 PPT 内容更加丰富,信息量更大。本节根据主题特点,将 PPT 分为如下几类。

(1)经典风格 PPT。经典风格 PPT 一般以红色、黄色、橙色等作为主色调,整体以暖色调为主,多采用五角星、华表、红飘带等作为素材,文本一般选用刚劲有力的字体,例如方正大黑简体、微软雅黑等字体或刚劲有力的书法字体,页面呈现端庄大气的风格特征。图 1-60、图 1-61 分别是幻灯片放映状态下主题为"百年风华"的PPT 封面页和过渡页。

图 1-60 经典风格 PPT 封面页

图 1-61 经典风格 PPT 过渡页

（2）科技风格PPT。科技风PPT一般以蓝色、青绿色等作为主色调，整体以冷色调为主，多采用计算机科技符号、光感形状、尖端仪器设备等作为素材，文本一般采用富有设计感的字体。图1-62显示的是幻灯片浏览视图下主题为"VR虚拟现实"的PPT，深黑蓝色的太空背景衬托出空旷、深远的科技感氛围。

图1-62　科技风格PPT

（3）商务风格PPT。商务风PPT多以灰色、褐色等中性颜色作为主色调，整体偏向中性和冷色调，具有信息简洁明了、直奔主题的特征。排版方式规矩，线条感和层次感突出。配色简约大方，页面装饰极少，杜绝花哨。图1-63显示的是幻灯片浏览视图下主题为"商务合作工作计划"的PPT，每个页面呈现的信息简洁明快。

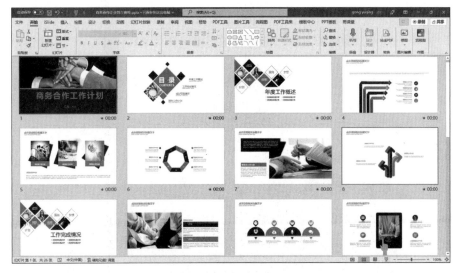

图1-63　商务风格PPT

（4）中国风格PPT。中国风PPT多以黑白灰作为主色调，多采用山水、毛笔、墨迹、梅竹等具有中国特色的元素作为素材，标题文本一般选用书法字体，整体呈现淡雅悠长、宁静致远的风格特征。图1-64显示的是幻灯片浏览视图下主题为"国学经典"的PPT。

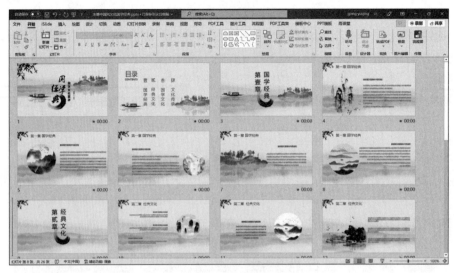

图 1-64　中国风格 PPT

2．快速设置 PPT 风格

快速确定 PPT 的整体风格，可以采用设置背景、母版和主题等方法。

（1）背景。设置 PPT 页面的背景有多种方式，常见的是以图片和图案作为背景。单击"设计"选项卡→"自定义"功能区→"设计背景格式"按钮，在弹出的"设置背景格式"窗格中，可以选择"纯色填充""渐变填充""图片或纹理填充""图案填充"等填充方式，这些填充效果，既可以设置当前页面，也可以设置全部页面。此种方式相比较于插入图片设为背景的方式更加灵活方便，如果是有多张 PPT 页面，还能减小文件的大小。

单击选择"图片或纹理填充"选项，可以选择"插入"图片文件作为图片源，也可以使用"剪贴板"上的图片对象作为图片源时。使用"剪贴板"上的图片对象作为图片源时，必须先复制一张图片，然后单击"图片源"中的"剪贴板"按钮，即可将被剪贴的图片作为背景，例如采用照片墙图片作为图片源，效果如图 1-65 所示。

图 1-65　将照片墙图片设为 PPT 页面背景

如果 PPT 演示时环境光较亮,建议使用浅色背景;如果环境光较暗,建议使用深色背景。这两条实用的经验,可以作为选用背景的参考。

图片素材的来源,可以是实景拍摄的照片,也可以是从图库素材网站下载的图片。如果将从网站下载的图片素材作为商用,要特别注意版权的问题,避免出现纠纷。

还可以将多张图片进行一定的加工处理后作为背景,比如上面采用的照片墙图片,是使用 Collagelt 软件快速制作而成的,通过设置模板和参数,能够设计多样的排版效果,作为 PPT 封面页的背景也是不错的,如图 1-66 所示。

图 1-66　使用 Collagelt 软件快速制作照片墙图片

（2）母版。母版可以为每一个版式页面快速地添加统一的元素。每个演示文稿都有母版,母版中的信息一般是所有幻灯片共有的信息,改变母版中的信息就可统一改变演示文稿的外观。即若要使所有的幻灯片包含相同的字体和图像（如徽标）,那么就要在幻灯片母版中进行编辑,而这些更改将影响到所有幻灯片。

查看幻灯片的母版,即切换到幻灯片母版视图,其操作方法为:单击"视图"选项卡→"母版视图"功能区→"幻灯片母版"按钮,即可进入幻灯片母版视图,如图 1-67 所示。在幻灯片母版视图中,在左侧窗格中最上方最大的幻灯片为"幻灯片母版";而与母版版式相关的幻灯片显示在下方,即"布局母版"。

编辑"幻灯片母版"时,其下方相关的所有"布局母版"都将执行同样的设置;而编辑"布局母版"时,并不会更改其他母版;但随着母版信息的改变,普通视图下的所有幻灯片都会受到影响。

例如,一份介绍专业情况的 PPT 包含 6 个部分,利用幻灯片母版分别设置每个部分的布局母版（如图 1-68 所示）,然后在普通视图下,右击选中某一页面或多张页面,在弹出的快捷菜单中选择"版式"命令,在弹出的版式选项中选择某一个已经设置好的版式（如图 1-69 所示）,即可将在母版视图中设置的版式应用到选中的一页或多页 PPT 页面上,而无须在普通视图下为每一个页面多次单独设置。

图 1-67　幻灯片母版视图

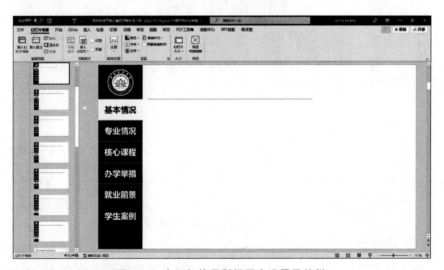

图 1-68　在幻灯片母版视图中设置导航栏

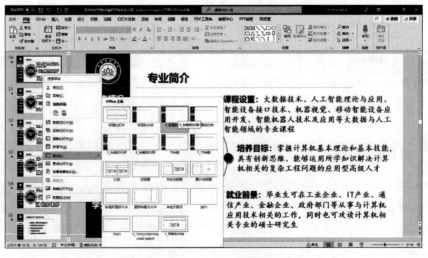

图 1-69　选择一个已经设置好的版式

当幻灯片母版查看或编辑完毕,需要用户单击幻灯片母版视图中的"关闭母版视图"按钮,退出幻灯片母版视图,返回普通视图。

每个主题包括一个幻灯片母版和一组相关版式。最好在开始新建幻灯片之前,先编辑好幻灯片母版和版式。这样,添加到演示文稿中的所有幻灯片都会基于所设定格式统一编排。反之,如果在创建各张幻灯片之后编辑幻灯片母版或版式,则普通视图中的现有幻灯片都需要更改布局并重新应用。

在制作 PPT 过程中,如果意外发现某些幻灯片元素无法编辑,例如,某张图片无法选择或删除,那么,很可能是因为尝试更改的内容是在母版中定义的,所以,需要切换到幻灯片母版视图,才能编辑该内容。

(3)主题。PPT 主题由颜色、字体、效果和背景样式四个部分组成,用户可以向所有幻灯片或某指定幻灯片应用主题,其操作方法为:单击"设计"选项卡→"主题"功能区的向下箭头,在展开的主题样式下拉列表中,选择要应用的主题,即可将主题应用于所有幻灯片。

将主题应用于幻灯片后,单击"设计"选项卡→"变体"功能区的向下箭头,在展开的下拉列表中,选择或自定义其颜色(如图 1-70 所示)、字体(如图 1-71 所示)、效果以及背景样式等进行修改。用户可以直接选择一套内置的配色方案、字体,也可以通过自定义主题保存自己搭配的色彩方案、字体方案,使其产生与原主题不一样的外观。对修改比较满意的主题,单击"设计"选项卡→"主题"功能区的向下箭头,在展开的下拉列表中,单击"保存当前主题",即可将当前设置好的主题保存为主题文件(*.thmx),便于下次再利用。

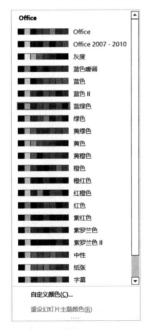

图 1-70　选择或自定义颜色

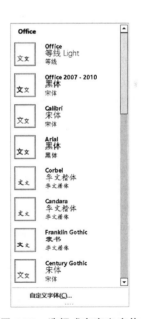

图 1-71　选择或自定义字体

例如,一份介绍舞蹈体育专业毕业晚会的PPT(如图 1-72 所示),采用内置的主题样式"平面",即可快速更换当前页面效果,如图 1-73 所示。还可以进行"变体"设置,分别更换主题颜色为绿色和紫红色,效果分别如图 1-74、图 1-75 所示。

图 1-72　PPT 原稿

图 1-73　更换主题样式

图 1-74　主题颜色设为绿色

图 1-75　主题颜色设为紫红色

视频讲解

1.3.2　项目案例：兵书大讲堂中国风 PPT 封面页设计

本案例以兵书大讲堂为主题,根据主题内容设计中国风 PPT,突出中国传统兵书文化的特色。下面以该 PPT 封面页设计为例,详解设计全过程,具体操作步骤如下。

(1) 确定主色调。根据中国传统兵书的主题内容和风格特点,确立古朴雅致的高级灰主色调,该色调为橙灰色($\sharp$C1B7AD),如图 1-76 所示。

(2) 搜集整理素材。搜集卷轴、书简、毛笔、墨迹、山水画、冷兵器等图片作为素材,如图 1-77～图 1-81 所示。

图 1-76　PPT 页面主色调

图 1-77　卷轴图片素材

图 1-78　书简、毛笔图片素材

图 1-79　墨迹图片素材

图 1-80　山水画图片素材

图 1-81　冷兵器图片素材

（3）确定配色方案。本案例采用橙灰色和红色调的双色调配色方案，各主要颜色如图 1-82 所示。

（4）新建空白演示文稿，将背景设为"纯色填充"，颜色设为橙灰色（♯C1B7AD）；插入一张卷轴图片，效果如图 1-83 所示。

图 1-82　确定主色调

图 1-83　设置背景颜色并插入卷轴图片

（5）插入文本框，输入文本"兵书大讲堂"，字体设为"方正行楷简体"，字号设为"96"，效果如图 1-84 所示。

（6）将"兵书"二字拆分为两个文本框，并错落摆放，字体设为"叶根友刀锋黑草"，字号设为"115"，效果如图 1-85 所示。

图 1-84　输入标题文字

图 1-85　修改标题字体

（7）将标题文字填充设为从深红色（♯660A0A）到红色（♯C00000）的渐变填充，插入书简及刻刀图片，效果如图 1-86 所示。

（8）插入光影效果图片，将该图片透明度设为"62％"，效果如图 1 87 所示。

（9）插入一张古战场剪影图片，置于页面底部；插入一张古战车图片，置于标题的右下角，效果如图 1-88 所示。

（10）单击选择古战场剪影图片，单击"图片格式"选项卡→"调整"功能区→"颜色"按钮，在弹出的下拉列表中单击选择"重新着色"中的"橙色，个性色 2 浅色"选项，并将该图片的透明度设为"86％"。这样处理使得该图片和页面的整体色调统一，同时很好地烘托了战场的氛围，但又不至于影响到标题的视觉中心，完成效果如图 1-89 所示。

图 1-86　修改字体颜色并插入图片

图 1-87　插入光影效果图片

图 1-88　插入古战场及古战车图片

图 1-89　将图片重新着色为橙色

本案例搜集整理了很多体现中国古代战争和兵书文化的素材,设计了经典稳重的、中性偏一点暖的色调,突出了中国风的特色。

1.3.3　项目案例：院校宣传推介的校园风 PPT 封面页设计

视频讲解

本案例是宣传介绍某院校的 PPT,选用了校徽、学校建筑、建设理念等图文素材,体现了淡雅清新的校园风,具体操作步骤如下。

(1) 插入一张远山起伏的灰色图片作为背景,可以显示空间上的透视感,如图 1-90 所示。

(2) 插入一张校园风景图片,并适当裁剪,作为页面底部的插图,如图 1-91 所示。

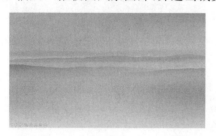

图 1-90　插入灰色图片作为背景

图 1-91　插入校园风景图片

(3) 为使得插图和背景过渡自然,插入一个矩形,填充设置设为灰色(♯D5D5D5)渐变填充,设定 4 个停止点(即色标),第 1 个和第 4 个停止点的透明度设为"0％",第 2 个和第 3 个停止点的透明度设为"100％",这样使得矩形的上边和下边是渐变过渡的,从而使得插入的校园风景图和背景自然过渡,效果如图 1-92 所示。

(4) 插入一个文本框,并输入文本"旅游学院",字体设为"方正行楷简体",将该文本拆分为 4 个文本框,设置为大小不一、错落摆放的效果,如图 1-93 所示。

图 1-92　插入渐变填充的矩形

图 1-93　插入标题文字

（5）选中标题文本，并将该文本设为图片填充，填充的图片为水彩画图片，效果如图 1-94 所示。

（6）插入英文标题"TOURISM SCHOOL"，字体设为"等线体"，字号设为"24"，文字颜色设为棕色（♯6A3838）将文本加粗并设置倾斜；插入红色印章图片，图片中插入一个文本框，输入文字"欢迎您"，字体设为"方正大标宋简体"，颜色设为白色（♯FFFFFF），效果如图 1-95 所示。

图 1-94　设置标题文字为图片填充

图 1-95　插入英文标题等文字

（7）插入校徽，放置于页面顶部中间，两侧分别插入文本"建成中国一流的旅游人才培养高地""秉持应用型 开放型 居一流的建设理念"，效果如图 1-96 所示。

（8）整体页面稍显灰暗，插入一个矩形，设置为白色的渐变填充，从上边到下边的透明度分别设为"0％""100％"，将矩形叠加在校徽和目标理念的文本之下，将整体页面提亮，效果如图 1-97 所示。

图 1-96　插入校徽及目标理念文字

图 1-97　插入白色渐变的矩形

（9）更换插图为一张并蒂莲图片，效果如图 1-98 所示。

（10）更换插图为院校的俯瞰图，效果如图 1-99 所示。

图 1-98　更换插图的效果一

图 1-99　更换插图的效果二

本案例设计了校园风PPT,选用能够体现校园特色的图文素材,例如校徽、院校风景图等,用色富有变化,以灰色图片作为背景能够很好融合各类图文元素,体现了朝气蓬勃、清新萌发的院校气息。

第2章

文 字 设 计

素材

本章概述

　　文字是 PPT 版面设计三大要素之一,也是传递信息的最主要的元素。PPT 文字设计要避免"文案搬家"产生的层次不清晰、主题不突出、设计感欠缺等问题。本章通过实例,分类讲解 PPT 文字的字体选用、排版美化以及创新设计,将文字,尤其是标题文字,设计成为 PPT 页面的聚焦点。

学习目标

　　1. 熟悉常用字体的分类、风格及应用场景。

　　2. 运用排版的四大原则设计美化文字。

　　3. 运用书法字体设计 PPT 标题文字。

　　4. 创新设计标题文字。

学习重难点

　　1. 选择与整体风格搭配的字体。

　　2. 文字的创意设计。

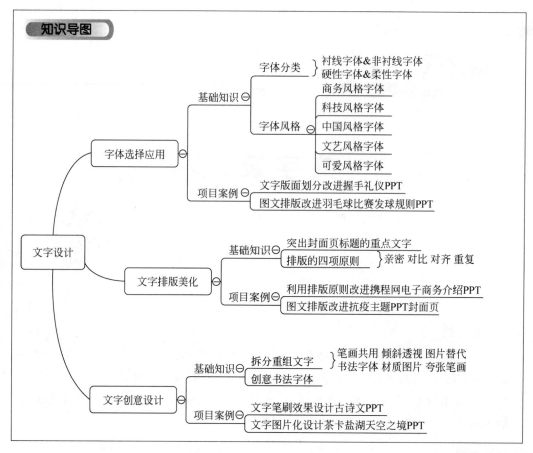

文字设计是文案转化为PPT页面内容呈现的第一个要素。如何提升文字在PPT页面中的层次感和区分度,总结有三条基本经验:一是提炼并精简段落的标题文字,并以醒目的字体和字色凸显出来;二是将文字可视化,辅以图表或图片等元素形式呈现文字内容;三是对文字进行创意设计,通过设置特殊字体或者拆分文字,产生独特的视觉效果。

从文字的内容上分析,应该基于金字塔原理,对文案进行梳理、分级分层,使之条理清晰,层次分明;从文字的形式上分析,应该基于格式塔原理,对文字的字体、颜色、字号等文本格式和效果进行设计,使之彰显主题,富有特色。本章将详解文字字体的选用、排版设计和创意美化等,解决文字设计中"文案搬家"、逻辑不清、过于平淡、缺乏创意等问题。

2.1 字体选择应用

PPT页面可以通过文本框、形状等方式输入文字,建立文本。为输入的文本设置字体,使文字呈现基本的样式特点和面貌。那么该如何选择合适的字体呢?有几条基本的依据:一是字体的特征;二是PPT的主题风格;三是文本内容的重要性或层级。本节重点分析字体的特征,通过PPT页面比较不同类型字体的风格特征和应用场景。

2.1.1 基础知识

1. 字体分类

字体是文字呈现的外在表现形式,在PPT页面中表现出一定的风格特征和适用场景。从文字的外形特征看,可以分为衬线字体和非衬线字体。从文字的视觉感性看,可以分为硬性字体和柔性字体。

(1)衬线字体和非衬线字体。衬线字体在文字的笔画开始和结束的位置,有额外的修饰,笔画的粗细有所变化。在近处阅读文本时,衬线字体强调横竖笔画的对比,更容易被识别,可读性更高。但是在远处观看时,衬线字体的横线会被弱化,使得文字的识别度下降。

非衬线字体没有这些额外的修饰,笔画粗细均匀,基本相同,有相同的曲线、笔直的线条和锐利的转角。以黑体为代表的非衬线字体,笔画较粗,醒目端庄,非常适合作为标题的字体。

图2-1为一个"创新创业大赛活动推介"PPT封面页,标题文字采用衬线字体"方正大标宋简体",可以看到文字中的横向笔画明显不够凸显,如果更换成为非衬线字体"微软雅黑",则标题文字更加突出醒目,显得更加端庄大气(如图2-2所示)。

图 2-1　标题采用衬线字体

图 2-2　标题采用非衬线字体

(2)硬性字体和柔性字体。字体通过结构、笔画、细节的区别,呈现出俊朗和柔美两种基本风格,即硬性字体和柔性字体。硬性字体给人以粗犷、坚硬、刚劲有力、棱角分明的视觉感受,适合应用在政府工作报告、商业汇报等比较正式规范的场合,黑体、宋体等字体就是硬性字体。柔性字体给人以纤细、柔软、曲线美感等视觉感受,适合应用在女性产品推广、幼儿教育、团队活动等比较感性的场合,粗圆、隶书、彩云等字体就是柔性字体。

图2-3为一个介绍智慧地球的成长历史的PPT封面页,主标题"万物互联"采用硬性字体"华光综艺",笔画线条直角分明,字体清晰,干净利落;如果将标题文字的字体更换为柔性字体"方正粗圆简体",则笔画线条圆润柔和,亲和近人,如图2-4所示。

图 2-3　标题采用硬性字体

图 2-4　标题采用柔性字体

如果将主标题文字"万物互联"更换为字体"叶根友刀锋黑草",并将文字错落摆放,则能够很好地活跃版式布局,使得原有的端正的页面一下子跳动起来,效果如图2-5所示。

如果将两类字体结合使用,同时将"智慧"两个字设为黄色渐变填充,则可以更好地提亮页面,提升总体视觉感受,设计感就体现出来了,效果如图2-6所示。

图2-5　标题采用书法字体

图2-6　两类字体结合使用

2. 字体风格

各类字体在粗与细的对比、曲直的变化、简约与烦琐、扁平与瘦高等方面,有着鲜明的特色,适用于不同的场景,因而可以将字体风格大致区分为商务风格、科技风格、中国风格、文艺风格、可爱风格等类型。

(1)商务风格字体。该风格字体适用在商务类型的场合。字体风格端正,严肃大方,沉稳有力,给人以正式规范的视觉体验。商务风格字体力求简洁,直接高效,不会采用过于花哨、修饰过多的字体设计。

例如,一个主题为京东营销模式分析的PPT封面页,标题文字采用"微软雅黑"字体,背景颜色为经典的京东主色调红色,页面聚焦在标题文字上,给人以简洁大方、重点突出的视觉感受,如图2-7所示。

又如,一个主题为微信营销汇报的PPT封面页,标题文字采用"方正兰亭黑"字体,背景颜色为经典的微信主色调绿色,页面干净利落,直奔主题,给人以稳重、干练的视觉感受,如图2-8所示。

图2-7　商务风格字体一

图2-8　商务风格字体二

(2)科技风格字体。该风格字体适用在科技行业的场合。字体风格简洁有力,色彩鲜明,时尚前卫,给人以科技感和力量感。科技风格字体外形轮廓具有一定的质感和穿透力,传递出非常鲜明的锐气、进取的风格特征。

例如,一个介绍"互联网+"创新创业计划书的PPT封面页,主标题文字采用字体"方正小标宋简体",副标题文字采用"微软雅黑"字体,给人以简洁大方、非常正式的视觉感受,如图2-9所示。

又如,一个介绍科技创新技术赋能的PPT封面页,标题文字采用"汉仪综艺体简"字体,其中"新"字字体采用"方正行楷简体",在冷色调蓝色的背景之上,给人以冷静、空幽的视觉感受,如图2-10所示。

图 2-9　科技风格字体一

图 2-10　科技风格字体二

（3）中国风格字体。该风格字体适用于中国传统的主题,除了体现中国风格的中国元素之外,具有气势恢宏、大气磅礴、笔画遒劲等风格特点的书法字体必不可少。书法字体潇洒飘逸,独具美感,给人以独特的视觉感受和心理体验。书法字体适用于 PPT 的封面页标题或者标题中的某些关键字,但是在 PPT 页面的正文中不适合使用,会增加文本辨识的难度。

例如,一个贺中秋主题的 PPT 封面页,主标题文字采用独特的书法字体,潇洒飘逸,醒目突出,切合中国传统佳节中秋节的主题,给人以温馨淡雅、古典风格的视觉感受,如图 2-11 所示。

又如,一个介绍诗经的 PPT 封面页,主标题文字"诗经"采用书法字体"文鼎大颜楷",副标题"中国经典名著诵读"采用"华文行楷"字体,整体呈现出雅致芬芳、清新古朴的视觉感受,如图 2-12 所示。

图 2-11　中国风格字体一

图 2-12　中国风格字体二

（4）文艺风格字体。该风格字体适用于艺术主题的 PPT 演示,受到文艺青年的偏爱。字体风格优雅清新,飘逸修长,端庄秀气。一些硬笔书法字体以及带有复古气息的字体,适合表现特定的文艺气息,能够唤醒每一颗沉睡的文艺之心,使得 PPT 页面更具创意和特色。

例如,一个旅行日记 PPT 的封面页,主标题文字"旅行日记"采用字体"方正清刻本悦宋简体",颜色设置为白色,和海景背景一起烘托出了清新别致的文艺风格,如图 2-13 所示。

又如,一个页面呈现翻页效果的 PPT 封面页,主标题文字"小清欢"采用的字体也是"方正清刻本悦宋简体",页面呈现出淡雅温馨的文艺风格,如图 2-14 所示。

图 2-13　文艺风格字体一

图 2-14　文艺风格字体二

（5）可爱风格字体。该风格字体适用于活泼主题的 PPT 展示，例如儿童母婴产品、节假日活动、卡通动漫风格等。字体风格圆润，活泼可爱，笔画一般打破中规中矩的规则，给人以天真烂漫、充满活力的视觉感受。该类字体不适用于比较正式规范的场合，而适用于儿童教育、婴幼商品促销等场合。

例如，一个介绍音乐基础知识的 PPT 封面页，主标题文字"音乐基础知识"采用"汉仪糯米团"字体，文字外形呈现高低起伏和笔画粗细的变化，使得页面表现出活泼可爱的风格特征，如图 2-15 所示。

一个主题为"玩转开学季"的 PPT 封面页，主标题文字"玩转开学季"设计成特殊可爱风格字体，通过"合并形状"的"拆分"形状功能，可以将文字的笔画拆分，然后删除一些笔画，代替以铅笔的卡通图形，这种替代笔画的设计方法让页面呈现出可爱有趣、形象生动的特点，如图 2-16 所示。

图 2-15　可爱风格字体一　　　　　　　　　　图 2-16　可爱风格字体二

视频讲解

2.1.2　项目案例：文字版面划分改进握手礼仪 PPT

PPT 页面中的文字要准确、显著地传递信息，必须按照文字的重要性区分层级，例如标题文字和正文文字应该加以区分，正文文字的一级标题和内容文字也应该加以区分，设置文字的字体、颜色、字号、背景等，使得整体文本层级分明，逻辑清晰，同时也大大提升了文字的辨识度和浏览效果。

本案例以介绍握手礼仪的教学 PPT 为例，通过修改文本的格式和效果，突出端庄稳重、简洁大气的特色，具体操作步骤如下。

（1）打开 PPT 页面原稿，该页面中的文字区分不够鲜明，图片虽然切合主题，但是缺少设计感，如图 2-17 所示。

（2）暂时删除图片，背景设为白色，将正文内容的文字区分为左右两部分，并列摆放，如图 2-18 所示。

图 2-17　PPT 原稿　　　　　　　　　　　图 2-18　将正文文本分为左右两部分

（3）插入两个矩形，形状填充设为"无填充"，轮廓颜色设为绿色（♯03BBA5）。插入两个圆角矩形，填充颜色设为从绿色（♯00C9B0）到深绿（♯007464）的渐变填充。正文的标题文字叠加在圆角矩形之上，字体设为"微软雅黑"，颜色设为白色（♯FFFFFF），字号设为"18"，完成效果如图2-19所示。

（4）插入一个矩形作为标题文字"握手礼仪"的背景，填充颜色设为绿色（♯029886），标题文字的颜色改为白色（♯FFFFFF）；插入一个握手的小图标，"重新着色"选为"黑白：25％"，标题文字下方插入一条直线，颜色设为白色，"粗细"设为"2.25磅"，如图2-20所示。

图2-19　插入矩形区分文字内容

图2-20　插入矩形作为标题背景

（5）右侧的内容文字层次区分不够显著，将"段落"的"间距"设为"段前：12磅"；将原有的数字序号删除，另外插入4个文本框，分别输入"1""2""3""4"共4个数字，文本填充颜色设为从绿色（♯00C9B0）到深绿（♯007464）的渐变填充。完成效果如图2-21所示。

（6）插入一张握手的图片，将其拖拽并缩放至覆盖整个PPT页面，将"图片透明度"设为"91％"，将该图片置于PPT页面的底层，作为背景，效果如图2-22所示。

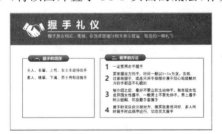

图2-21　设置数字序号

图2-22　插图图片作为背景

（7）将页面主色调改为蓝色（♯0070C0），正文字体改为"楷体"，效果如图2-23所示。

（8）将正文内容的背景设为蓝色，相应修改矩形框和文本等对象的颜色，页面上方的1/3区域设为白色背景，下方的2/3区域设为蓝色背景，效果如图2-24所示。

图2-23　将绿色调改为蓝色调

图2-24　调整蓝色矩形色块的位置

(9) 将蓝色矩形放置在页面右侧,将上下布局改为左右布局;将握手图片缩放拖拽至页面左下角,并插入一个矩形,填充颜色设为从白色(透明度:"100%",即完全透明)到白色(透明度:"0%",即不透明),形成透明渐变的效果,叠加在图片的上边,使得该握手的图片与 PPT 页面的白色背景自然过渡,效果如图 2-25 所示。

(10) 还可以进一步删除握手图片的背景,画面显得更加简洁,效果如图 2-26 所示。

图 2-25　页面改为左右布局

图 2-26　删除握手插图的背景

(11) 将页面的主色调调整为稳重的棕色(♯9F6F47),效果也很好,如图 2-27 所示。

(12) 将页面的主色调调整为清新的绿色(♯548235),效果如图 2-28 所示。

图 2-27　将主色调改为棕色

图 2-28　将主色调改为绿色

本案例展示了上下布局和左右布局两种样式,以及绿色、蓝色和棕色等多种色调。通过多种方法对文本进行区分层级,提升文本内容的可读性和辨识度:一是采用矩形色块或者线框,有效地将文本进行了区分;二是采用了数字序号,对正文内容起到了醒目的提示作用;三是通过字体和字号的区别设置,强化了标题和正文的区分。

2.1.3　项目案例:图文排版改进羽毛球比赛发球规则 PPT

视频讲解

本案例以羽毛球比赛发球规则 PPT 为例,改进以条目列表的形式呈现的 PPT 内容页,提升整体观感和浏览效果,使之可读性更强,一目了然,具体方法步骤如下。

(1) 打开 PPT 原稿,可以看到页面图片虽然和主题相关,但是严重影响到文本内容的阅读,文字与图片背景区分不够清晰,图文重叠,相互干扰,如图 2-29 所示。

(2) 删除底图,将文字重新排版为两列,插入矩形作为文本分割;插入数字作为序号以引导视线,使内容文字区分更加明显,效果如图 2-30 所示。

(3) 插入一张羽毛球运动员的剪影图片,使用"图片格式"选项卡中"调整"功能区的"删除背景"功能,删除图片黑色的背景,并裁剪掉右侧的羽毛球运动员,处理前后分别如图 2-31、图 2-32 所示。

图 2-29 PPT 原稿

图 2-30 重排文本

图 2-31 插图图片

图 2-32 删除背景

（4）将图片和内容文本互换位置，将观众的视线引导到文字上，如图 2-33 所示。

（5）将标题文字"羽毛球比赛发球规则"设为蓝色（♯2E75B6），字号设为"54"，字体设为"微软雅黑"；添加标题的拼音字母，将拼音字母的颜色设为金色（♯EFB555），字号设为"36"，字体设为"微软雅黑"，效果如图 2-34 所示。

图 2-33 图文位置互换

图 2-34 修改标题文字颜色

（6）将 PPT 页面的背景设为黑色（♯1D1B01），注意此种颜色不是纯黑色；规则的内容文字的背景，即矩形的填充颜色设为黄褐色（♯F7D9A7）；序号数字的文本填充设为从蓝色（♯0070C0）到深蓝色（♯1F4E79）的渐变填充；在页面的左上角插入一个直角三角形，填充颜色设为金黄色（♯EFB555），与其他同色系的对象（如标题的拼音字母、矩形色块）相互呼应，使页面整体效果更加和谐，效果如图 2-35 所示。

（7）将左上角三角形拖拽放大，注意标题的部分文字颜色也随之改变，设为白色（♯FFFFFF）；这样设计使得页面更有层次感，完成的第一种设计效果如图 2-36 所示。

（8）将文本并列在页面居中位置，删除右上角的三角形和羽毛球运动员图片，页面改为中心对称布局，如图 2-37 所示。

（9）插入一张黑色的剪影图片，将其重新着色为"金色，个性色 4 浅色"，将其置于页面的左侧，效果如图 2-38 所示。

图2-35 设置背景颜色及各类对象的填充颜色

图2-36 第一种设计效果

图2-37 文本排列为中心对称布局

图2-38 插入剪影图片并重新着色

（10）插入一张羽毛球的图片,同样将其重新着色为"金色,个性色4浅色",将其置于页面的右下角,着色前后效果分别如图2-39、图2-40所示。这是第二种设计效果。

图2-39 插入羽毛球图片置于右下角

图2-40 将羽毛球图片重新着色

（11）还可以设计蓝色的主色调,插入羽毛球撞击球拍的图片,插入一个矩形,设为白色透明渐变填充的效果(左侧透明度0%→右侧透明度100%),使图片与白色背景过渡自然,完成的第三种设计效果如图2-41所示。

（12）如果不采用白色透明渐变的矩形,可以采用左文右图的排版方式,但要注意标题文字的颜色设置,以凸显标题文字,完成的第四种效果如图2-42所示。

图2-41 页面改为蓝色主色调

图2-42 设置标题文字颜色

本案例设计了4种效果样式,通过设置文字颜色和形状色块,来凸显文本内容,页面的文字内容的可读性获得了极大的提升,同时也改善了页面整体的视觉效果。

2.2 文字排版美化

文字是平面设计的三大要素之一,在PPT设计中主要以三种形式呈现:一是PPT封面页标题文字,要求标题文字醒目突出,能够迅速吸引观众的注意;二是PPT过渡页目录文字,要求条目清晰,层次分明;三是PPT内容页正文文字,要求文字精练,区分层级,排版美观。针对不同层级的文字内容,需要采用不同的处理手法。

2.2.1 基础知识

1. 突出封面页标题的重点文字

突出封面页的标题文字,能够让人耳目一新,将观众目光聚焦到重点文字内容。采用的基本方法有多种,例如采用不同的颜色、字体或者字号,通过对比强化视觉效果;再如添加标点符号、形状色块、线条、线框等,引导观众的视线。

(1) 设置不同的字体强化视觉对比效果。对重点文字设置不同的字体,能够展现对比的效果,改变平铺直叙的平淡感。俗话说,文似看山不喜平。设计PPT也是同样的道理,给标题文字设置少量的变化,能够营造出别样的视觉感受。

例如,一个介绍企业团建活动计划的PPT封面页,标题文字采用"微软雅黑"字体,虽然配图给人以青春活跃的感受,但是字体的厚重端庄与主题氛围不够搭配(如图2-43所示);当将标题文字中的"团建"两个字设为字体"叶根友刀锋黑草"时,增加了与其他文字的对比,则使主题更加突出,标题文字的跳跃感就出来了(如图2-44所示)。

图 2-43　封面页原有效果

图 2-44　字体变化的对比效果

一个介绍古诗春雪的PPT封面页,文字字体全部采用"方正大标宋"字体(如图2-45所示),缺少春天将来未来的萌动感受;如果将古诗的标题文字"春雪"设为"方正行楷"字体(如图2-46所示),将古诗的正文设为手写字体"书体坊赵九江钢笔行书",则会在PPT页面内产生一种人与自然的呼应。但是,文字的字体设置种类不宜过多,一般不要超过三种字体,过多则显得杂乱。

(2) 添加形状色块作为重点文字的背景。形状色块是PPT页面的"点睛之笔",能够恰到好处地突出文字的重点内容,同时对活跃版面有很好的作用。

图 2-45　封面页原有效果

图 2-46　设置不同的字体效果

　　一个主题为高校教师教学创新大赛的PPT封面页,如果采用单一的字体和颜色,则整体页面显得过于平淡,没有特色(如图2-47所示);当添加红色、橙色、青色等不同颜色的圆形作为标题文字的背景,同时对圆形设置阴影等形状效果,设计出微立体的效果时,则给人以教书育人的温馨之感(如图2-48所示)。

图 2-47　封面页原有效果

图 2-48　添加形状色块的效果

　　一个主题为"发现自然创意作品汇"的PPT封面页,色彩运用显示出儿童的天真烂漫,但标题"童心之趣"略显单一(如图2-49所示)。可以改变字体颜色,并添加一个圆形作为"趣"字的背景,这样就突出了关键主题,效果也有了明显的提升(如图2-50所示)。

图 2-49　封面页原有效果

图 2-50　添加圆形作为背景

2．排版的四项原则

　　同样的文字内容,为什么有的排版看起来美观大方、层次分明?其中隐藏了什么样的秘密呢?这就是排版的四项原则,即亲密、对齐、对比、重复。看似简单的8个字,却揭示了排版的内在规律。

　　(1)亲密。在PPT内容页设计中,将关系亲密的元素(如文本、图片、形状等)更加紧密地靠拢在一起,使之形成一个整体,让观众更加容易识别,这就是亲密原则。

　　例如,一页介绍基于微信平台开发信息管理系统的PPT内容页(如图2-51所示),正文文字挤在一起,没有区分层次,过于"亲密",没有明显的亲密层级,导致观众无法一眼看清楚主要内容。首先将文本区分为三个段落,将标题文字单独作为一个段落,层级感就初现了(如图2-52所示),但是此时标题文字和正文同等距离,故将标题文字设为"微软雅黑"字体,颜色设为蓝色(♯0070C0),字号设为"24",这使得标题文字和正文有了进一步的区分(如图2-53所示)。然后,将标题文字的段前间距设为"24磅",将正文的段前间距设为"6磅",使正文与标题文字更加亲密地靠拢,形成了3个视觉单元,观众能够迅速地看清楚PPT所要表达的3个中心思想(如图2-54所示)。

图2-51 PPT页面原稿

图2-52 区分段落

图2-53 设置标题文本格式

图2-54 设置段落间距

(2)对齐。对齐是指将多个元素(例如文本框、形状、图片等)按照一定的基线排列整齐,给人以有序、统一、稳定的感觉。对齐是对多元素进行排版的最基本的要求,可以使得页面呈现出"隐蔽的"视觉引导线,有利于观众视线的聚焦和移动。

例如,一页介绍项目研究核心设计步骤的PPT页面,其中4个步骤的文字内容高低起伏不平(如图2-55所示),违背了对齐的基本原则要求。将4个文本框的宽度调整一致,大致为6个汉字的宽度,按住Shift键,同时选中这4个文本框,单击选择"形状格式"选项卡→"排列"功能区→"对齐"按钮,在弹出的下拉列表中,单击选择"顶端对齐"命令,这样4个文本框就统一顶端对齐了;单击下拉列表中的"横向分布"命令,使得4个文本框间距一致,完成效果如图2-56所示。

图2-55 PPT内容页原稿

图2-56 对齐之后的效果

(3)对比。对比是指设置元素与元素之间或元素内部的差异,形成视觉上的凸显效果。例如,设置文本大小的对比、颜色的对比、粗细的对比、字体的对比等,能够将观众的注意力聚焦到关键的核心要点上,同时在形式上活跃了版面。

例如,一份介绍秦朝兵马俑的PPT的封面页,标题文字的字号大小形成了对比(如图2-57所示);如果将标题的部分文字"秦"设为"汉仪迪升英雄体"字体,同时将加大字号,则会增加字体和字号的对比,形成一定程度的反差,标题的辨识度更高,效果如图 2-58 所示。

图 2-57　PPT 标题页原稿

图 2-58　修改之后的效果

(4)重复。重复是指对于同等层级的文字设为同样的字体、颜色和字号,对于同种作用的形状设为同样的形状效果,对于同类型的图片设为同样的大小和图片格式,使得 PPT 页面内部或者页面之间呈现整体统一的效果。

一份个人简介的 PPT,其目录页的 4 个目录标题颜字的颜色和字体样式是重复一致的,作为文字背景装饰的图形样式也是重复一致的(如图 2-59 所示);其内容页是介绍荣誉奖项,四项荣誉奖项采用的圆角矩形、圆形等形状也是重复一致的(如图 2-60 所示),重复形成的规整统一的版式,表现出简洁、整齐的页面特点。

图 2-59　目录页

图 2-60　PPT 内容页

视频讲解

2.2.2　项目案例:利用排版原则改进携程网电子商务介绍 PPT

多段文字排版,尤其要注意排版的基本原则,如果随意摆放,会使得页面凌乱无章。下面根据排版的四项原则,即亲密、对齐、对比、重复,对一份 PPT 内容页进行改造,具体方法步骤如下。

(1)打开一份介绍携程网电子商务的 PPT,该页面显得拥挤不堪,图文混排没有规则,正文内容与标题没有区分,如图 2-61 所示。

(2)首先对文本进行排版设计,暂时先将页面中的图片删除,删除图片后的效果如图 2-62 所示。

图 2-61　携程网电子商务 PPT 原稿

图 2-62　删除图片

（3）将正文内容六个优势排列对齐，体现对齐的排版原则；小标题和对应的正文更为靠拢，体现了亲密的排版原则，完成效果如图2-63所示。

（4）修改文本的字体和字号，将主标题"携程网电子商务"设为"微软雅黑"字体，字号设为"44"；将副标题"六大优势总结分析"字体颜色设为白色，添加一个圆角矩形作为背景，填充颜色设为蓝色（♯4472C4）；将正文中的小标题字体设为"微软雅黑"，字号设为"24"；将各小标题下的正文字体设为"楷体"，字号设为"20"，完成效果如图2-64所示。

图2-63　对齐正文文字　　　　　　图2-64　设置文本格式

（5）插入一个矩形，填充颜色设为蓝色（♯0967D9），将其置于底层，作为正文文本的背景，同时将正文字体颜色设为白色（♯FFFFFF）；将主标题的字体颜色设为蓝色（♯0967D9），副标题的背景矩形填充颜色改为青色（♯09DDED），完成效果如图2-65所示。

（6）将主标题和副标题靠左对齐，完成效果如图2-66所示。

图2-65　主色调设为蓝色　　　　　　图2-66　主、副标题靠左对齐

（7）插入携程网的Logo图片，置于页面左上角，如图2-67所示。

（8）插入一张携程网旗帜图片，置于页面右上角，如图2-68所示。

图2-67　插入携程网Logo图片　　　　图2-68　插入携程网旗帜图片

（9）插入一个矩形，置于主标题下方，形状轮廓设为"无轮廓"，形状填充设为"渐变填充"，设置透明度从0～100％的白色渐变填充，即从左侧的不透明到右侧的完全透明的渐变，使得插入的图片与背景过渡融合，效果如图2-69所示。

（10）单击选择蓝色矩形，单击"形状格式"选项卡→"插入形状"功能区→"编辑形状"按钮，在弹出的下拉菜单中选择"编辑顶点",通过拖拽矩形顶点两端的控制点,将矩形上边的直线修改为曲线;然后复制一份,将填充颜色设为橙色(#FD9704),编辑顶点,置于底层,稍微上移,形成错位的效果,使版面更加活跃一些,完成的第一种效果如图 2-70 所示。

图 2-69　矩形填充为白色渐变

图 2-70　编辑矩形顶点的完成效果

(11) 将版式布局的上下结构改为左右结构,第二种效果如图 2-71 所示。

(12) 同样,通过"编辑顶点"的方法,将矩形左边的直线修改为曲线,完成效果如图 2-72 所示。

图 2-71　左右结构版面布局

图 2-72　修改矩形左边直线为曲线的效果

(13) 设计内容页"优势一:规模经营",左文右图的效果如图 2-73 所示。注意不同层级的文本的字体、颜色和字号的区别,体现了对比的排版原则。

(14) 同样,设计内容页"优势二:技术领先",左文右图的效果如图 2-74 所示。注意与图 2-73 的比较,主标题和小标题以及正文内容的字体、颜色和字号是一样的,体现了重复的排版原则。

图 2-73　设计内容页一

图 2-74　设计内容页二

本案例按照排版的四项原则,对多段文本内容进行了排版设计,通过亲密原则,形成 6 个视觉单元,通过对比,强调了标题与正文的层级区分;通过对齐,形成了 6 个文本段落的整体感;通过重复,统一了同层级的页面及其内容的风格。

2.2.3　项目案例:图文排版改进抗疫主题 PPT 封面页

视频讲解

封面页标题文字的排版设计,可以通过对比,强化视觉焦点;通过对齐,形成图文整体感;通过亲密间距,强调文字之间的亲疏关系。本案例以一份抗击疫情的 PPT 封面页为例,运用排版原则,对其进行改进设计,具体步骤如下。

(1)打开一份以"让党旗在防控疫情斗争第一线高高飘扬"为主标题的 PPT,该 PPT 封面页(如图 2-75 所示)以蓝色调为主色调,冷静的色调不适宜表现抗击疫情的火热氛围。

(2)将页面中的背景图片删除,删除后如图 2-76 所示。

图 2-75　PPT 原稿

图 2-76　删除背景图片

(3)将主标题的文字颜色设为标准色的深红色(♯C00000),矩形色块的填充颜色也设为深红色(♯C00000),效果如图 2-77 所示。

(4)选择主标题中的"党旗"二字,将其字体设为"方正行楷简体",字号设为"72",这样将党旗设计成了聚焦点,突出党旗的感召引领作用,如图 2-78 所示。

图 2-77　设置标题及矩形为深红色

图 2-78　将"党旗"字体设为"方正行楷简体"

(5)主标题过长,整体重心不稳,将主标题分为两个段落(如图 2-79 所示),注意主标题文字两行之间的间距小于主标题与副标题文字的间距,这是亲密原则的体现。

(6)插入装饰图片,即红色飘带及旗帜一角(如图 2-80 所示)。

图 2-79　主标题分为两个段落

图 2-80　插入装饰图片

(7)插入华表、天安门、长城等象征性的图片(如图 2-81 所示),注意这些图片为 PNG 格式,背景是透明的,能够与其他图片或背景较好地融合在一起。

(8) 插入飞翔的鸽子图片,象征着斗争的胜利,将该图片的透明度设为"70%",使得页面更有空间透视感和层次感,完成效果如图2-82所示。

图 2-81 插入象征性图片

图 2-82 插入鸽子图片

本案例以红色调为主色调,营造了积极向上、火热斗争的氛围,主标题文字的字体设置,体现了对比的排版原则,主标题、副标题以及演讲者的信息文字间距不一,体现了亲疏远近的关系。

2.3 文字创意设计

PPT中的文字创意设计,是通过图案或图片填充文字、笔画变形、笔画共用、文字与图形结合等方法,对文字进行拆分或者组合,打破原有的刻板印象,使之呈现独特的审美意象,设计出令人深刻的视觉效果。文字的创意设计一般用于PPT的封面页标题或者内容页的关键词,正文文字不宜过于夸张。

2.3.1 基础知识

1. 拆分重组文字

将文字拆分为形状,可以对文字的部分笔画进行变形处理,使之呈现特殊的外形,能够给观众造成强烈的视觉冲击,具体方法如下。

(1) 笔画共用。笔画共用是文字图形化创意设计的常用手法之一,从笔画构成的角度找出笔画之间的内在联系,将共同利用的笔画合二为一,从而形成视觉上的整体,体现出视觉的节奏感。

例如,一个介绍区块链的PPT封面页,"区块链"三个字之间的三个笔画有两处相连,形成共用的两个笔画,能够一气呵成地形成整体,如图2-83所示。一个介绍VR的PPT封面页,英文大写字母V、R有一处笔画共用,自然而然地连接在一起,成为一个独具特色的视觉焦点,如图2-84所示。

图 2-83 "区块链"笔画共用

图 2-84 "VR"笔画共用

（2）倾斜透视。将文本拆分后，有意地改变倾斜角度和长宽比例，能够形成视觉上的透视效果，在平面上产生速度感或者力量感。

例如，一份年终工作总结暨新年计划 PPT，其主标题文字为"奔跑吧！梦想在这里启航"，通过改变主标题文字的方向和倾斜角度，与奔跑的人物形成图文之间的呼应关系，很好地设计出了快速奔跑的感觉，如图 2-85 所示。一份以"毕业季不说再见"为主题的 PPT，将标题文字适当地倾斜变形，与空中飞舞的学士帽和飞翔的鸽子相互呼应，体现了活泼飘动、轻松愉悦的心理感觉，如图 2-86 所示。

图 2-85　文字倾斜透视

图 2-86　标题文字倾斜变形

（3）图片替代。文字拆分后，将其中的部分笔画用图片代替，既能够醒目地点出主题，又能够美化设计版面。

例如，一个主标题为"为艾发声"的 PPT 封面页，使用代表性的 Logo 图标，替代"为""发"的点笔画，很好地表现了"预防艾滋，珍爱生命"的主题，如图 2-87 所示。一个介绍花卉欣赏的 PPT 封面页，"春暖花开"四个字的部分笔画，用盛开的鲜花来替代，让人感受到暖暖的春意，如图 2-88 所示。

图 2-87　Logo 图片替代笔画

图 2-88　鲜花替代笔画

（4）书法字体。使用灵动飘逸的书法字体，同时在排版布局上错落摆放，大小不一，能够很好地凸显标题的主题，成为封面页的视觉焦点。

例如，一个主题为"有梦想一起拼"的 PPT 封面页，苍劲有力的书法字体彰显了奋进拼搏的精神，同时与插图一起共同体现了积极向上、不断进取的态势，如图 2-89 所示。一个主题为庆祝八一建军节的 PPT 封面页，大气浑厚的书法字体，恰到好处地体现了"铁血铸军魂"的主题，如图 2-90 所示。

（5）材质图片。使用材质图片填充文字，赋予了标题文字特殊的质感，效果胜于纯色填充。平时注意搜集整理此类素材图片，能够在设计 PPT 的标题文字时派上用场。

图2-89　书法字体标题一

图2-90　书法字体标题二

例如,一个主题为"迎战2022"的PPT封面页,"迎战"二字使用了金色材质图片填充,材质效果凸显而厚重,显示了团队的决心和勇气,如图2-91所示。

(6)夸张笔画。将文字拆分后,对其中的部分笔画进行夸张处理,能够形成强烈的视觉冲击,获得强化视觉中心的效果。

例如,一个主题为"乘风破浪"的PPT封面页,对其笔画进行了夸张处理,结合光影素材和形状素材,体现了一往无前、势如破竹的动感,如图2-92所示。

图2-91　金色材质填充标题文字

图2-92　对标题文字笔画夸张处理

2. 创意书法字体

书法字体给人以潇洒飘逸、风格大气、不拘一格的视觉感受,常用于中国风的PPT标题文字或者局部重点文字的突出处理上,能够设计出具有特色的效果。以下将标题文字分别设为常规字体和书法字体,比较两者之间的视觉效果差异。

(1)语文课程教学PPT。一份介绍语文课程教学的PPT,将其封面页的标题文字字体设为"方正正粗黑简体",文字字体方正规矩,四平八稳,效果如图2-93所示。如将标题文字字体设为"汉标串城米格体",则如同将文字手写在田字格的练习本上,和语文教学的主题风格贴近,效果如图2-94所示。

图2-93　"方正正粗黑简体"字体效果

图2-94　"汉标串城米格体"字体效果

（2）端午节 PPT。一份介绍传统节日端午节的 PPT，将其封面页的标题文字设为"微软雅黑"字体，并将文本加粗、横平竖直、过于方正的字体完全失去了中国传统文化的韵味，效果如图 2-95 所示。如将标题文字设为"文鼎大颜楷"字体，则字体风格浑厚有力，笔画之间透露出刚劲稳重的力度，效果如图 2-96 所示。

图 2-95　"微软雅黑"字体效果　　　　图 2-96　"文鼎大颜楷"字体效果

（3）立冬节气 PPT。一份介绍二十四节气之一的立冬节气的 PPT，将其封面页标题"立冬"二字字体设为"等线体"，虽然视觉效果清晰明了，但是却没有了中国传统习俗的氛围，效果如图 2-97 所示。如将标题文字字体设为"华文行楷"，文字的笔画之间立即引发了传统文化的联想，效果如图 2-98 所示。

图 2-97　"等线体"字体效果　　　　图 2-98　"华文行楷"字体效果

（4）中国传统剪纸 PPT。一份介绍中国传统剪纸 PPT，将其封面页标题字体设为"微软雅黑"，字体方正端庄，但是少了中华民族的传统意味，效果如图 2-99 所示。如将标题文字中的"剪纸"二字设为"方正剑体简体"字体，文字的笔画就有了裁剪的效果，贴合剪纸的主题，效果如图 2-100 所示。

图 2-99　"微软雅黑"字体效果　　　　图 2-100　"方正剑体简体"字体效果

（5）重阳节 PPT。一个介绍重阳节的 PPT 封面页，将其标题文字设为"汉仪综艺体简"字体，笔画粗细统一，缺少变化，效果如图 2-101 所示。如将标题文字设为"汉仪迪升英雄体"字体，笔画显示了轻重起伏变化,则彰显了与传统节日相吻合的主题,效果如图2-102所示。

图2-101 "汉仪综艺体简"字体效果

图2-102 "汉仪迪升英雄体"字体效果

视频讲解

2.3.2 项目案例:文字笔刷效果设计古诗文PPT

本案例以中国古诗"村居"为主题,利用一个大写字母I,设计出笔刷的效果,并配以放风筝的孩童和山水风景画,突出中国古代山水田园的诗意风格。下面以该PPT封面页设计为例,详解字母I如何变化为笔刷效果的全过程,具体操作步骤如下。

(1)新建一个空白PPT,在页面内插入文本框,输入大写的字母I,字号设为"288",如图2-103所示。

(2)将该字母设为Road Rage字体,该字体有书法书写的效果,如图2-104所示。

图2-103 输入大写字母I

图2-104 字体设为Road Rage

(3)单击选中该字母,按Ctrl+D快捷键,将其多复制几份,并移动位置,使之稍微重叠,效果如图2-105所示。

(4)按Ctrl+A快捷键,选择全部字母I,单击"形状格式"选项卡→"插入形状"功能区→"合并形状"按钮,在弹出的下拉菜单中单击选择"结合"命令,这样就将多个字母I结合为一个整体了,拖拽放大,效果如图2-106所示。

图2-105 复制多份大写字母I

图2-106 将多个字母I结合为整体

（5）单击选中结合的对象，将其拖拽并旋转、放大，在"设置形状格式"窗格中，将其设为"纯色填充"，填充颜色设为蓝色（♯119AE8），效果如图 2-107 所示。

（6）插入一张放风筝的孩童图片，该图片是 PNG 格式，图片背景是透明的；将其适当缩小，移动至页面的左侧，效果如图 2-108 所示。

图 2-107　形状填充设为蓝色

图 2-108　插入放风筝的孩童图片

（7）插入一个文本框，输入古诗标题"村居"，将其字体设为"经典繁毛楷"，字号设为"54"，颜色设为白色（♯FFFFFF）；再插入一个文本框，输入古诗的正文内容，将其字体设为"书体坊赵九江钢笔行书"，字号设为"36"，颜色同样设为白色（♯FFFFFF），效果如图 2-109 所示。

（8）插入一张山水水墨图片，将其置于底层作为背景，效果如图 2-110 所示。

图 2-109　插入古诗的标题及正文

图 2-110　插入山水图片作为背景

（9）单击选择水墨背景图片，单击"图片格式"选项卡→"调整"功能区→"艺术效果"按钮，在弹出的选项框中单击选择"虚化"，这样就将此背景图片虚化，以突出人物主体，完成效果如图 2-111 所示。

（10）更换颜色效果。将字母结合形成的笔刷效果的形状填充设为"渐变填充"，填充颜色设为青色（♯07B4CB），透明度设为"0％"到"54％"，角度设为"90°"，完成效果如图 2-112 所示。

图 2-111　将背景图片虚化

图 2-112　将笔刷形状设为渐变填充效果

本案例利用字体设计出笔刷效果，古诗的标题和正文选用的字体为书法楷体和钢笔行书，很好地体现了诗意村居的孩童生活。

2.3.3　项目案例：文字图片化设计茶卡盐湖天空之境 PPT

茶卡盐湖四周雪山环绕,平静的湖面像镜子一样,反射着美丽得令人陶醉的天空景色,被誉为"中国的天空之镜"。本案例针对介绍茶卡盐湖的 PPT,通过对图片和文字进行"拆分形状"处理,实现了文字的图片化,构造了别致的版面效果,具体操作步骤如下。

（1）新建空白的 PPT 演示文稿,插入一张茶卡盐湖的风景图片,如图 2-113 所示。

（2）插入一个文本框,输入文字"天空之境",字体设为"方正大标宋简体",字号设为"115",颜色设为白色(♯FFFFFF),效果如图 2-114 所示。

图 2-113　插入图片作为背景

图 2-114　插入标题文字"天空之境"

（3）先单击选择背景图片,按住 Ctrl 键,再单击选择标题文字"天空之境",单击"形状格式"选项卡→"插入形状"功能区→"合并形状"按钮,在弹出的下拉菜单中,单击选择"拆分"命令,这样通过文字将图片拆分了,隐约可见拆分后的分割线,效果如图 2-115 所示。

（4）将拆分的背景图片除文字之外的部分删除,效果如图 2-116 所示。

图 2-115　图片和文字进行拆分

图 2-116　删除文字之外的图片部分

（5）再次插入茶卡盐湖的背景图片,将其置于底层,在"设置图片格式"窗格的"图片"选项卡中,将其亮度降低为"−26％",效果如图 2-117 所示。

（6）拆分之后的"天空之境"4 个字,已经变成了分散的图片,此时框选全部 4 个字,右击,在弹出的快捷菜单中选择"组合"命令,即可将分散的形状重新组合为一个整体,然后在"设置图片格式"窗格的"效果"选项卡中,在"映像"下拉选项中选择"预设"中的"映像变体",从中选择"半映像:接触"选项,效果如图 2-118 所示。

（7）再次插入茶卡盐湖的背景图片,单击"图片格式"选项卡→"大小"功能区→"裁剪"按钮,将图片的上半部分裁剪掉,效果如图 2-119 所示。

（8）插入茶卡盐湖的 Logo 标识,完成的效果如图 2-120 所示。

图 2-117　降低图片亮度作为背景

图 2-118　设置"半映像：接触"的倒影效果

图 2-119　裁剪图片的上半部分

图 2-120　插入 Logo 标识

　　本案例通过拆分命令，将"天空之境"4 个字转换成了图片，通过图片化的文字与背景图片的亮度对比，很好地展现了茶卡盐湖的湖光水色，呈现了洁净空灵的美丽景致。

第3章

形状创变

素材

本章概述

　　形状是 PPT 的最常用、最不起眼的元素之一,却可以在版式布局、区分层级、引导视线、创意设计等方面发挥大作用。无论是简简单单的线条、方方正正的矩形、圆润柔和的圆形、棱角分明的六边形,还是千变万化、极富创意的合并形状,均可以极大地提升 PPT 设计的视觉效果,让人眼前一亮,页面焕然一新。

学习目标

1. 了解插入形状的方法和应用场景。

2. 熟练设置形状格式,包括填充与线条、效果、大小与属性。

3. 使用顶点编辑设计形状外形。

4. 使用合并形状设计特殊形状。

5. 分析并分类使用形状设计页面版式或布局。

学习重难点

1. 形状顶点编辑。

2. 合并形状。

3. 形状的场景化应用。

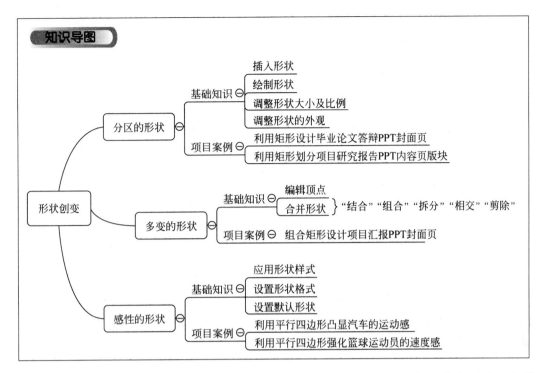

形状看似简单,是常常容易被忽视的重要元素。形状是一种矢量图形,具有极强的可塑性,蕴含了丰富的样式效果。单一的形状通过设置效果可以变得绚烂多彩,两个形状的合并可以形成富有创意的特殊形状,多个形状组合排列可以形成极有美感的版式布局。

本章将通过实例展示矩形、梯形、六边形、圆形的多种用法,学习者不仅要掌握基本操作,更重要的是领悟蕴含其中的底层逻辑,最终达到用形状实现创意、传达主题的目的。

3.1　分区的形状

无论是 PPT 内置的各种形状,还是通过组合或者合并形状产生的特殊形状,都能够起着装饰点缀标题、连接多个对象、引导浏览视线等作用,但是最重要的还是在划分区块、划分层级等方面起的作用,能够对 PPT 页面布局产生重大影响,甚至决定着页面的基本构图形态。

3.1.1　基础知识

1. 插入形状

PPT 的形状分为 8 大类,共 161 种形状,涵盖了绝大多数的图形形状。如果需要特殊的形状,可以采用合并形状的方法来获得。

单击"插入"选项卡→"插图"功能区→"形状"按钮,即可展开"形状"下拉列表,在列表中包含了所有的形状,如图 3-1 所示。

"最近使用的形状":显示最近使用的形状类型,会依照使用的次序累积显示。

"线条":主要用于绘制各种线条,例如直线、带箭头的直线、曲线、带箭头的曲线、自由曲线等。

"矩形"：主要用于绘制各种矩形,例如矩形、圆角矩形、剪去单角的矩形、圆顶角矩形等。除了第一个矩形,其他均可以通过拖拽黄色控制点调节控制外形。

"基本形状"：主要用于绘制使用频率最高的、常用的形状,例如文本框、椭圆、等腰三角形、平行四边形等。

"箭头总汇"：主要用于绘制各种形状的箭头,表达层级、所属等逻辑关系。

"公式形状"：主要用于绘制各种运算符,例如加号、减号、乘号等。

"流程图"：主要用于绘制各种流程示意图,和其他形状不同的是,流程图形状没有黄色控制点,只能改变形状大小比例,不能改变外观。

"标注"：用来标注各类相关的信息。

"动作按钮"：用来绘制各类按钮,可以实现页面的跳转等交互动作。

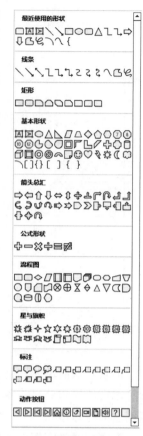

图 3-1 "形状"下拉列表

2. 绘制形状

在弹出的"形状"下拉列表中,单击需要绘制的形状,例如"矩形"形状,将光标移动到页面的编辑区,光标会变为黑色的十字形,按住鼠标左键拖拽,然后松开鼠标左键,即可绘制所需要的矩形。

如果要绘制正方形,则需要在按住鼠标左键拖拽的同时,按住 Shift 键,结果如图 3-2 所示。

如果要绘制一条水平或者垂直的直线,则需要在"形状"下拉列表中,单击选择"线条"中的"直线",在页面的编辑区按住鼠标左键拖拽的同时,按住 Shift 键。

图 3-2 绘制矩形和正方形

如果按住 Ctrl 键绘制形状,会以单击点为中心绘制形状;如果按住 Ctrl+Shift 组合键,会以单击点为中心绘制等比例的形状,如圆形、正方形。

3. 调整形状大小及比例

通过拖拽选中形状后出现的控制点,可以调整改变形状的大小。将光标移动到控制点上,当光标变为双向箭头时,可以调整形状的大小。

如果需要按照形状的原有比例调整大小,则需要在拖拽控制点的同时按住 Shift 键。

还有一种方法,即通过导航窗格控制纵横比。右击形状,在弹出的快捷菜单中单击选择"设置形状格式"命令,在打开的"设置形状格式"窗格的"大小与属性"选项卡中,勾选"大小"→"锁定纵横比"复选框。如果要精确调整形状的大小,则在"高度""宽度"输入栏中输入数值即可。如果只需调整高度或者宽度的缩放比例,可以在"缩放高度""缩放宽度"输入栏中输入百分比数值即可,例如缩放高度设为"50%",如图3-3所示。

图 3-3 设置形状的大小及缩放比例

4. 调整形状的外观

形状的外形并不是一成不变的,大部分带有弧度或者倾斜角度的形状,可以通过拖拽黄色的控制点改变形状的外形。

在"形状"下拉列表中,单击选择"矩形"中的"圆角矩形",在页面的编辑区绘制一个圆角矩形,可以看到该圆角矩形左上角有一个黄色的控制点,这个控制点的作用是控制圆角矩形的弧度。

将光标移动到黄色控制点上,按住鼠标左键,拖拽至最左侧,形状变为正方形;拖拽至最右侧,形状变为圆形,如图3-4所示。

图 3-4 改变圆角矩形的外观

3.1.2 项目案例:利用矩形设计毕业论文答辩 PPT 封面页

视频讲解

如果手中没有丰富的图片素材,利用形状设计简约风格是很好的选择。例如,一份学生提交的毕业论文答辩 PPT,该 PPT 封面页中半透明的矩形色块与背景图片叠加,标题和背景区分不清楚。其实可以不用这么多的元素,一样可以做到简洁、清晰、大方的效果,具体方法步骤如下。

(1)打开学生毕业论文答辩 PPT 原稿,如图3-5所示。封面页显然是套用模板做的,这样是做不出特色的。

(2)删除标题外围的白色线框及多余的矩形,删除后效果如图3-6所示。

图 3-5 PPT 封面页

图 3-6 删除白色的线框及多余的矩形

（3）删除背景图片以及右侧叠加的半透明矩形,删除后的效果如图3-7所示。

（4）单击选择矩形,单击"形状格式"选项卡→"形状样式"功能区→"形状填充"按钮→"其他填充颜色"命令,在弹出的"颜色"对话框中,将颜色设置为蓝色(♯0270D1),效果如图3-8所示。

图3-7　删除背景图片后的效果

图3-8　矩形填充为蓝色

（5）单击选中并拖拽蓝色矩形的控制点,缩小矩形的高度,拉长矩形的宽度,使矩形与整个页面等宽;标题文字的颜色改为白色,字体设为"微软雅黑",字号设为"60",效果如图3-9所示。

（6）"姓名""专业"等个人信息的文字字体设为"楷体",加粗,字号设为"28",颜色设为黑色,分别设置为4个文本框,并排列对齐;插入学校的校徽图片,置于页面中心上方,效果如图3-10所示。

图3-9　修改蓝色矩形大小和标题文字

图3-10　修改个人信息文字并插入学校校徽图片

（7）白色背景太单调,可以设置背景填充为"图案填充"。单击"设计"选项卡→"自定义"功能区→"设置背景格式"按钮,在"设置背景格式"窗格中,设置"填充"→"图案填充"→"图案"→"对角线:浅色上对角",前景为浅蓝色(♯DEEBF7),背景设为白色(♯FFFFFF),效果如图3-11所示。

（8）主色调更换为深红色(♯C00000),端庄、醒目的效果也很好,如图3-12所示。

图3-11　设置页面背景为图案填充

图3-12　主色调改为深红色的效果

本案例利用矩形设计拦腰的页面版式,中心对称的布局使得页面端正、大气;图片、形状和文字的颜色呈现统一的色调,清晰简洁,主题突出。

3.1.3 项目案例：利用矩形划分项目研究报告 PPT 内容页版块

提高 PPT 页面内容识别度的有效方法，就是将内容按照层级区分为不同版块，而不是不加以区分地排列在一起。既要区分上下层级关系，也要表现同一层级的关系，采用恰当的排版方式呈现图文内容内在的逻辑关系，例如并列关系、递进关系等。下面利用矩形改进设计有大段文字的PPT 内容页，使之层次分明、结构清晰，具体方法步骤如下。

（1）打开 PPT 文件，这是一页关于设备管理系统研究的背景与意义的 PPT 页面，如图 3-13 所示。

（2）将标题下方的正文内容进行分段，区分出 4 个段落，增加项目的名称，如图 3-14 所示。

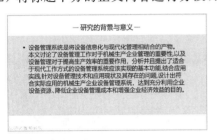

图 3-13　PPT 内容页

图 3-14　内容区分为 4 个段落

（3）将第一个段落提取出来作为主标题的说明，放置在主标题的下方；另外 3 个段落分为 3 个独立的文本框，并列放置，如图 3-15 所示。

（4）提炼出 3 个段落的关键词，并将字体设为"微软雅黑"，颜色设为蓝色（#0270D1），字号设为"24"；插入 3 个矩形，轮廓粗细设为"1 磅"，矩形填充颜色设为"无填充"，矩形轮廓颜色设为灰色，选择主题颜色下方的"白色，背景 1，深色 50％"，这实际上是一种灰色；论文副标题前插入两个蓝色的平行四边形，起着标识提示和装饰作用；"研究的背景与意义"与下行文字之间插入一条直线，直线的轮廓粗细设为"2.25 磅"，如图 3-16 所示。

图 3-15　PPT 内容页分 3 个段落

图 3-16　提炼关键词

（5）插入一个矩形，矩形轮廓设为"无轮廓"，填充颜色设为蓝色（#0270D1），置于主标题文字的底层作为背景，主标题及其说明文字的颜色设为白色，直线的颜色也设为白色，如图 3-17 所示。

（6）插入一张机房的图片，缩小放置在蓝色矩形的右侧，如图 3-18 所示。

（7）插入一个矩形，将颜色填充设为蓝色（#0270D1），设为"渐变填充"，"角度"设为"0°"，"渐变光圈"的两个滑块（即停止点 1 和停止点 2）的"透明度"分别设为"0％"和"100％"，实现透明渐变的效果，蓝色矩形渐变使得图片与背景自然地过渡。这样就将原来的大段文本区分为标题和内容两大块，其中内容又显著地区分为三块内容，大大提升了页面内容的辨识度和美感，完成的第一种设计效果如图 3-19 所示。

图 3-17　插入蓝色矩形作为主标题背景

图 3-18　插入一张机房图片

（8）白色与蓝色的颜色区域可以相互置换，注意要同步更换文字颜色，设置后的效果如图 3-20 所示。

图 3-19　设置蓝色矩形的渐变效果

图 3-20　区域颜色互换后的效果

（9）将主色调蓝色改为标准色中的深红色（♯C00000），效果如图 3-21 所示。

（10）将主色调蓝色改为青色（♯3E7886），效果如图 3-22 所示。

图 3-21　主色调设为深红色

图 3-22　主色调设为青色

本案例通过矩形将原稿的大段文字分为标题区和正文区，又进一步提炼正文的小标题，层级区分明晰，展现了从主标题到副标题、从小标题到正文的层级，极大地提高了文本的可读性，同时体现了研究内容的专业性。

3.2　多变的形状

尽管每种形状的类型确定，外形较为固定，但是形状并不是一成不变的。可以通过"编辑顶点"的功能，对形状外形进行个性化、创意性的改变。例如，改变文字的部分笔画来达到创新设计的目的，或者改变直线为曲线，使得形状的外形更加圆润柔和。也可以通过"合并形状"的功能，对

两个形状或者形状与图片进行布尔运算,产生一个全新的形状,获得特殊的外形效果。

3.2.1　基础知识

1. 编辑顶点

在已有形状的基础上,通过编辑顶点,可以对形状进行变形设计,进而达到改变形状外形的目的,满足设计的需要。

单击选中已经插入的矩形,单击"格式"选项卡→"插入形状"功能区→"编辑形状"按钮,在下拉列表中选择"编辑顶点"命令,此时矩形四周会出现四个黑色的小方块,这些小方块就是形状的顶点。接下来,就可以进行顶点的添加、删除、移动等操作,具体步骤如下。

(1) 添加顶点。将光标移动到矩形的边线或者顶点上,光标变为一个十字形、中心为黑色点的形状时,右击,在弹出的快捷菜单中单击选择"添加顶点"命令,即可在右击的位置增加一个顶点。

(2) 删除顶点。右击矩形的顶点,在弹出的快捷菜单中单击选择"删除顶点"命令,即可将该顶点删除。

(3) 移动顶点。将光标移动到矩形的顶点上,按下鼠标左键并拖拽,即可移动顶点的位置。

(4) 调整线条的弧度。单击选中矩形的右上角的顶点(如图 3-23 所示),此时顶点两侧会出现两个控制柄,单击选择两端的某一个白色控制点,并按下鼠标左键拖拽,即可调整控制点所在一侧的线条的弧度或曲率,然后调节右下角的顶点的控制点,调整后形成的边缘曲线效果如图 3-24 所示。

图 3-23　选中矩形右上角顶点

图 3-24　调节顶点控制点后形成的曲线效果

(5) 删除线段。通过增加两个顶点,删除形状轮廓的这两个顶点之间的线段,可以形成开放的、非闭合的形状轮廓,开放的缺口部分可以放置标题文字等内容。例如,在"万物互联"PPT 封面页(如图 3-25 所示)中,插入一个矩形,"形状填充"设为"无填充",此时矩形就成了一个矩形框(如图 3-26 所示)。右击该矩形框,在弹出的快捷菜单中单击选择"编辑顶点",此时进入编辑顶点模式。在线框的上边缘与标题文字重叠区域的两侧右击,在弹出的快捷菜单中选择"添加顶点",依次增加两个顶点(如图 3-27 所示)。右击这两个顶点之间的线段,在弹出的快捷菜单中选择"删除线段"命令,即可删除此线段,完成后的效果如图 3-28 所示。

2. 合并形状

合并形状是指两个形状或形状与图片进行一定的布尔运算,从而得到一个新的形状或图片。合并形状的对象可以是形状,也可以是图片或者文本,即合并形状可以在形状与形状、形状与图片、形状与文本、文本与文本之间进行。

图 3-25 "万物互联"PPT 封面页

图 3-26 插入一个矩形框

图 3-27 添加两个顶点

图 3-28　删除线段后的效果

　　先后选中两个形状后，单击"形状格式"选项卡→"插入形状"功能区→"合并形状"按钮，在下拉列表中可以选择 5 个功能命令，如图 3-29 所示，分别如下：

　　结合：两个形状合并为一个形状。

　　组合：两个形状合并的同时，相交的部分被去除。

　　拆分：两个形状和相交的部分单独拆分开。

　　相交：只保留两个形状相交的部分。

　　剪除：在首先选中的形状中剪去第二个选中的形状。

　　特别需要注意的是，在合并形状的操作中，两个形状选择的次序不一样，得到的结果也不一样。先选择的形状会作为底层，后选择的形状会在底层上操作。

　　例如，一个形状是绿色为填充颜色、轮廓为实线的圆形，另外一个形状是蓝色为填充颜色、轮廓为虚线的矩形，如图 3-30 所示。选择形状的次序不一样，依次采用"结合""组合""拆分""相交""剪除"合并形状后得到的结果如图 3-31～图 3-40 所示。

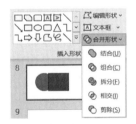

图 3-29　"合并形状"菜单命令

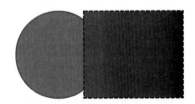

图 3-30　两个叠加的形状

图 3-31　先选择圆形的"结合"效果

图 3-32　先选择矩形的"结合"效果

图 3-33 先选择圆形的"组合"效果

图 3-34 先选择矩形的"组合"效果

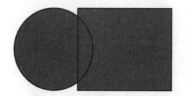

图 3-35 先选择圆形的"拆分"效果

图 3-36 先选择矩形的"拆分"效果

图 3-37 先选择圆形的"相交"效果

图 3-38 先选择矩形的"相交"效果

图 3-39 先选择圆形的"剪除"效果

图 3-40 先选择矩形的"剪除"效果

3.2.2 项目案例：组合矩形设计项目汇报 PPT 封面页

视频讲解

组合是指将多个形状、图片等对象集合成一个整体，从而能够为这个对象赋予图形格式，获得整体效果。例如，按住 Ctrl 键，连续单击选择多个形状，右击，在弹出的快捷菜单中选择"组合"命令，即可以将选中的多个形状组成一个整体。特别注意，这里的组合只是暂时将多个对象组合成为一个整体，还可以通过"取消组合"，将这个组成的整体还原成原来的多个对象，而"合并形状"中的"组合"命令，是不能够复原的，除非采用"撤销操作"命令(按 Ctrl+Z 组合键)。

本案例利用形状组合，对学生申报项目答辩 PPT 封面页进行改进设计，将组合对象填充图片，可以设计出不一样的视觉效果，具体步骤如下。

（1）打开 PPT 原稿，该封面页中图文并列摆放，蓝色背景和橙色图片色调不统一，页面显得单调，凸显不了设计主题，如图 3-41 所示。

（2）删除图片和蓝色矩形，适当旋转角度，将标题等文字颜色设为蓝色(♯365FAA)，如图 3-42 所示。

（3）插入大小不等的多个矩形，将它们的边缘对齐排列在页面右侧，如图 3-43 所示。

（4）选择其中部分矩形组合，右击，在"设置图片格式"导航窗格→"形状选项"的"填充"选项卡中，单击选择“图片或纹理填充”，单击“图片源”下方的“插入”按钮，选择插入图片为之前保存的书籍图片，图片填充效果如图 3-44 所示。或者将之前的书籍图片剪切，单击“图片源”下方的“剪切板”按钮，同样可以获得图片填充的效果。

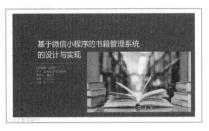

图 3-41　PPT 封面页原稿

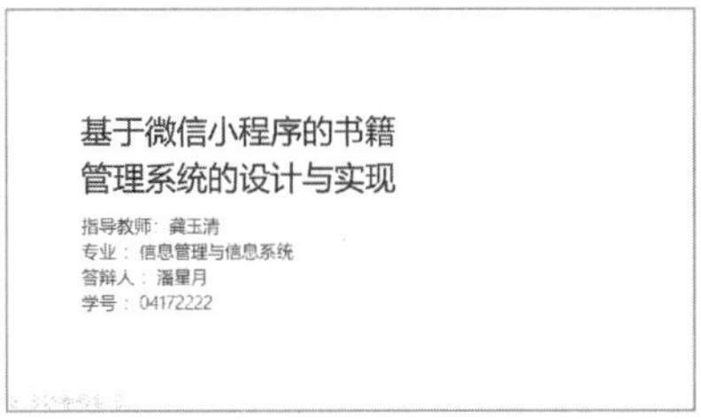

图 3-42　删除图片和蓝色矩形

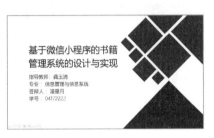

图 3-43　插入多个矩形

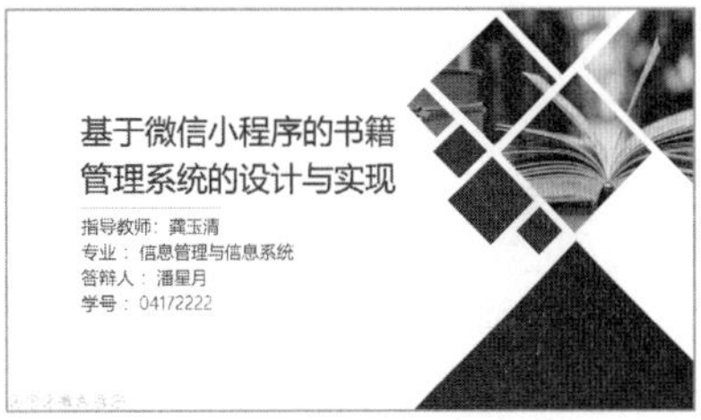

图 3-44　矩形组合后填充图片

(5) 将其他矩形填充颜色改为同一橙黄色系的颜色，可以使用取色器从矩形的填充图片中选取颜色；将标题文字的颜色改为棕色(＃945F42)，标题下方线条的颜色改为浅棕色(＃BF8967)，相关的信息文字颜色改为深棕色(＃593925)，完成效果如图 3-45 所示。

(6) 单击“设计”选项卡→“自定义”功能区→“设置背景格式”按钮，在弹出的“设置背景格式”窗格中，单击选择“填充”选项卡→“图案填充”单选按钮，在“图案”选项区选择“点线：25%”，“前景”设为浅棕色(＃F7D8BB)，“背景”设为白色(＃FFFFFF)，完成的效果如图 3-46 所示。

利用形状的组合来打破单一构图，利用插图来确定 PPT 主色调，提升 PPT 页面的整体设计感，你学会了吗？

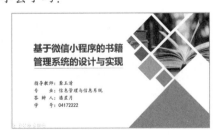

图 3-45　更改文字颜色和矩形填充颜色

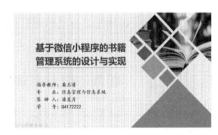

图 3-46　完成的效果

3.3　感性的形状

不同的形状给人呈现的心理感受是完全不一样的。方正的矩形给人以平稳、工整的感觉，传递出较好的安全感和稳定感。平行四边形给人以活泼动感的感觉，可以表现出速度和动感。梯形给人以稳重可靠的感觉,可以用于区分内容层级。

3.3.1 基础知识

1. 应用形状样式

PPT 内置了 77 种形状样式,每种样式是各种形状格式的集合,包括形状填充、形状轮廓、形状效果等。可以选中需要设置样式的形状,单击"形状格式"选项卡→"形状样式"功能区→"其他"按钮 ，在弹出的样式下拉列表中,根据需要选择合适的样式,即可将样式应用到所选的图形上。

插入一个圆形,在"形状样式"选项里可以看到,默认的形状样式是"彩色填充-蓝色,强调颜色 1",如图 3-47 所示。

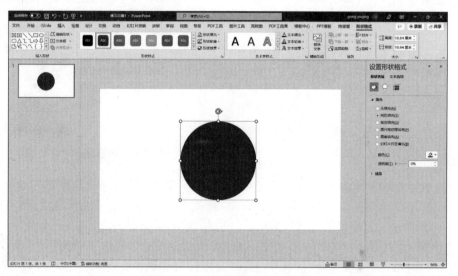

图 3-47 插入的圆形默认为蓝色

在"形状样式"的下拉列表中,单击选择另外一个样式"彩色填充-金色,强调颜色 4",可以看到圆形的填充颜色和轮廓即时发生了改变,效果如图 3-48 所示。

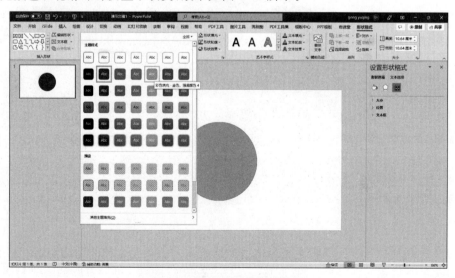

图 3-48 更改圆形的样式效果

特别需要注意的是,样式库中预设样式的颜色随着 PPT 应用主题不同而变化。单击"设计"选项卡→"主题"功能区,可以展开主题库查看主题效果。

2. 设置形状格式

如果对内置的形状样式效果不满意,可以分别为形状设置形状填充、形状轮廓、形状效果等,设计自己需要的形状格式。

(1) 形状填充。单击"形状格式"选项卡→"形状样式"功能区→"形状填充"按钮,在弹出的下拉列表中,可以选择所需要的填充颜色,例如"橙色,个性色 2,深色 25%",如图 3-49 所示。

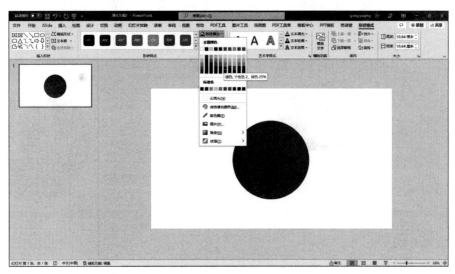

图 3-49　更改圆形的填充颜色

单击选择"取色器",此时光标变为吸管,可以在页面上单击某一点位置,即可获取该点位置的颜色。这是一种特别实用的取色方法,尤其是从插入的图片等元素中选取相近颜色,非常方便。

(2) 形状轮廓。单击"形状格式"选项卡→"形状样式"功能区→"形状轮廓"按钮,在弹出的下拉列表中,单击"粗细"命令,在展开的二级菜单命令中,可以选择轮廓线条的粗细,如图 3-50 所示;单击"虚线"命令,在展开的二级菜单命令中,可以选择轮廓的线型,例如选择"短画线",效果如图 3-51 所示。

在"粗细"或"虚线"的二级菜单命令中选择"其他线条"选项时,会自动打开"设置形状格式"导航窗格,在"线条"选项区域中可以设置线条的样式。

(3) 形状效果。单击"形状格式"选项卡→"形状样式"功能区→"形状效果"按钮,在弹出的下拉列表中,可以进一步为所选形状设置"阴影""映像""发光""柔化边缘""棱台""三维旋转"等 6 类效果。

在每类效果的子选项中选择最后一个选项,例如"阴影"的最后一个选项"阴影选项",会自动打开"设置形状格式"的导航窗格,展开该窗格中对应的效果区域,可以进一步设置相关参数。例如,分别设置"阴影"和"映像"的参数,如图 3-52 所示。

3. 设置默认形状

PPT 形状默认的样式是蓝色填充、深蓝色轮廓。可以根据需要设置默认的形状,当选定的形状设为默认形状后,下一次插入的形状就自动应用这个默认形状的填充颜色、轮廓和效果。如果有大量的形状需要设置同样的形状格式,采用这个方法,能够极大地提高效率。

例如,右击选择设置好形状格式的圆形,在弹出的快捷菜单中选择"设置为默认形状"命令,如图 3-53 所示;然后重新插入一个矩形,此时拖拽鼠标绘制出的矩形的形状样式和最新设置的默认形状的样式就一样了,不再是蓝色填充、深蓝色轮廓的样式,如图 3-54 所示。

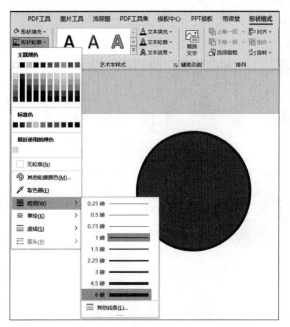

图 3-50　选择轮廓粗细为"6 磅"的效果

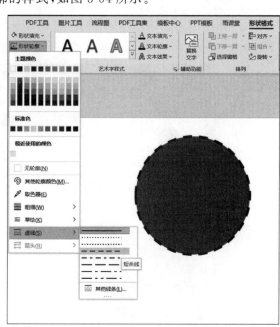

图 3-51　选择轮廓线型为"短画线"的效果

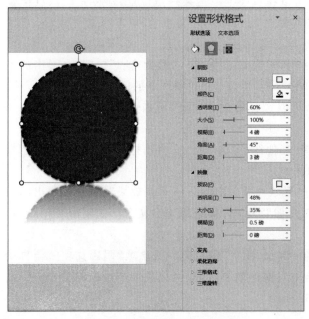

图 3-52　"设置形状格式"窗格

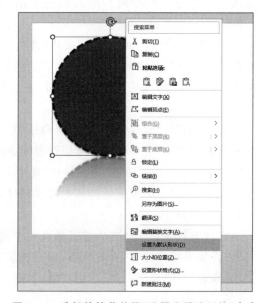

图 3-53　选择快捷菜单的"设置为默认形状"命令

如果已经有了设置好的形状格式，也可以使用"格式刷"功能，快速将已有的形状格式赋予另外的形状，这样就不用重复设置形状格式。

3.3.2　项目案例：利用平行四边形凸显汽车的运动感

如何设计可以让汽车主题 PPT 页面更有运动感，从而表现出汽车的运动感呢？利用平行四边形是一个不错的方法，具体操作步骤如下。

视频讲解

（1）打开 PPT 页面原稿，如图 3-55 所示。

图 3-54　新绘制的矩形的形状样式

（2）插入"基本形状"中的"平行四边形"，按 Ctrl＋D 组合键，复制多个平行四边形，拖拽调整位置，上下错落摆放，如图 3-56 所示。

图 3-55　PPT 页面原稿

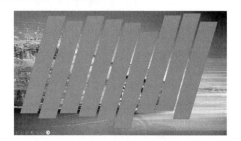

图 3-56　绘制多个平行四边形

（3）先选择图片，再选择多个平行四边形，单击"形状格式"选项卡→"插入形状"功能区→"合并形状"按钮，在下拉列表中选择"拆分"命令，此时图片被拆分为两部分，一部分是平行四边形所在的区域，另一部分是平行四边形之外的区域，如图 3-57 所示。

图 3-57　利用平行四边形拆分图片

（4）删除被拆分的平行四边形之外的区域图片，可见拆分的效果，如图3-58所示。

（5）重新插入汽车的图片，右击该图片，在弹出的快捷菜单中选择"置于底层"命令，将其放置在PPT页面的底层，如图3-59所示。

（6）右击汽车图片，在弹出的快捷菜单中选择"设置图片格式"，在出现的"设置图片格式"导航窗格中，依次单击"图片"选项卡→"图片校正"，展开参数设置，将图片"亮度"设为"－70％"，如图3-60所示。

图3-58　删除平行四边形之外的区域

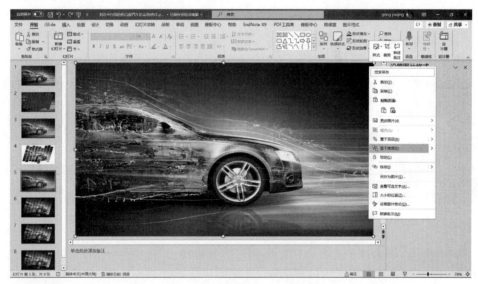

图3-59　重新插入汽车图片

图3-60　降低背景图片的亮度

（7）插入一个文本框，输入文字"追风"，并加粗，字体设为"微软雅黑"，字号设为"54"，颜色设为白色，如图3-61所示。

图3-61 输入标题文字

（8）单击选择文字"追风"，将文字变为斜体，倾斜角度与平行四边形相一致，最后完成的效果如图3-62所示。

本案例利用平行四边形的倾斜角度产生运动感，设置图片的亮度差凸显主体对象，这样设计使得页面不再单调静止，而是富有韵律和动感。

图3-62 最后完成的效果

3.3.3 项目案例：利用平行四边形强化篮球运动员的速度感

视频讲解

如何能够体现篮球运动员的力量感和速度感呢？除了选择表现争抢篮球的图片素材，可以采用平行四边形作为背景强化运动的视觉观感，具体操作步骤如下。

（1）打开介绍篮球运动的PPT页面原稿，该页面平淡无奇，没有充分展现运动员奔跑抢球的运动感，如图3-63所示。

（2）删除PPT中作为背景的黄色矩形；单击选中运动员图片，单击"图片格式"选项卡→"调整"功能区→"删除背景"按钮，使用"标记要保留的区域""标记要删除的区域"工具，把人物的背景删除；拖拽图片四周的控制点，适当将图片放大，抠图后的效果如图3-64所示。

（3）插入一个矩形，置于底层，作为页面背景，将"形状轮廓"设为"无轮廓"，将填充颜色设为蓝色（＃037FEF）；插入一个平行四边形，放置于运动员图片之后，将"形状轮廓"设为"无轮廓"，将填充颜色设为黄色（＃＃FFE62B），如图3-65所示。

（4）插入一张运动员比赛投篮的图片，在"设置图片格式"导航窗格→"图片"选项卡→"图片颜色"参数设置区域，将图片"饱和度"设为"0％"；在"图片透明度"参数设置区域，将图片"透明度"设为"95%",此图片作为 PPT 页面背景,隐约可见,如图 3-66 所示。

图 3-63　PPT 页面原稿

图 3-64　删除图片的背景

图 3-65　插入形状作为页面背景

图 3-66　设置半透明图片叠加背景

(5) 将文字"技术分析"的字体设为"微软雅黑",字号设为"40",颜色设为白色,并将文本加粗并倾斜;插入一个矩形,通过"编辑顶点"的方式,将矩形右边倾斜一定角度,填充颜色设为黄色(♯FFC000),形状轮廓设为"无轮廓";再插入一个矩形,填充颜色设为深蓝色(♯1F4E79),形状轮廓颜色设为灰色(♯BFBFBF);这两个矩形分别用于放置篮球运动技术名称及得分数值,完成的第一种效果如图 3-67 所示。

(6) 可以把作为背景的蓝色矩形和黄色平行四边形缩小一些,四周留白,使人物跳出背景,产生破窗而出的视觉效果,效果如图 3-68 所示。

图 3-67　完成后的第一种效果

图 3-68　人物破窗的效果

(7) 同样使用平行四边形,改变平行四边形的填充颜色及位置,设计左右布局的版式,完成的第二种效果如图 3-69 所示。

(8) 使用三角形作为背景,改变 PPT 页面版式为三角形构图,既有运动员奔跑的运动感,又有三角形构图体现的稳定感,与篮球运动员的主角气质很搭配,完成的第三种效果如图 3-70

所示。

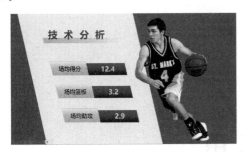

图 3-69　左右布局版式

图 3-70　三角形布局版式

　　本案例利用平行四边形、矩形、三角形等多种形状,改变平淡的版式,设计创意的效果,小小形状起了大作用。

第4章

图片巧用

素材

本章概述

　　图片是 PPT 视觉化最显著的元素，能够为页面提供直观的第一印象。图片在 PPT 页面中，既可以作为背景，也可以呈现内容，还可以装饰页面。选择使用的图片，首先要和表现的主题具有相关性，尽可能凸显主题；其次要结合 PPT 内容做适当的调整，例如裁剪大小，降低透明度，删除背景等；最后，分辨率要尽可能高，清晰细腻有层次感。

学习目标

1. 了解图片的常见格式及特点。
2. 采用删除背景、裁剪图片、放大对比等多种方法突出图片中的主体。
3. 结合图形对多图片排版设计。
4. 设置图片边框、图片效果等图片样式。
5. 通过图片版式设置多种图文排版方式。

学习重难点

1. 删除图片的背景。
2. 图片样式设置。
3. 多样式图文排版。

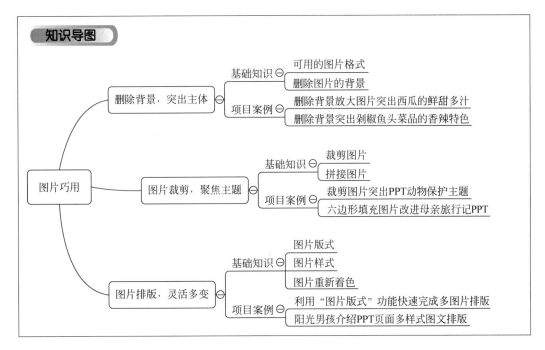

PPT 形象生动,直奔主题,其中图片起了直接的作用。图片作为 PPT 的重要元素之一,既能补充说明文字内容,又能美化页面,提升 PPT 整体观感。PPT 中如果没有图片,无疑是很大的缺憾。但是,当前 PPT 使用图片也存在不少问题,例如,图片使用过多导致页面花哨;图片使用不够聚焦,重点不突出;图片色调和整体风格不搭配,显得格格不入。

本章将通过多个项目实例展示图片的多种用法,通过裁剪大小、删除背景、降低透明度、留白、与形状相结合等方法,巧妙应用图片,大大提升页面的可读性和观赏性。

4.1 删除背景,突出主体

PPT 设计不同于其他平面设计类型,在产品推介、活动推广、教学演示、精神宣讲等情境场合下,需要 PPT 直奔主题,凸显主体。这就需要 PPT 设计者将图片中的无关背景去除,直接将主体呈现出来,给予浏览者或者观众深刻的第一印象。

4.1.1 基础知识

1. 可用的图片格式

单击"插入"选项卡→"图像"功能区→"图片"按钮,即可展开"插入图片来自"下拉列表,在列表中单击"此设备"命令,在随后弹出的"插入图片"对话框中,单击"文件名"右侧第二个向下箭头按钮,在弹出的下拉列表中可以看到 PPT 可以使用的图片文件格式,如图 4-1 所示。

PPT 插入的图片可以区分为图形和图像两大类。其中图形是矢量化的对象,可以无极缩放;图像是由像素组成的具有一定分辨率的对象,过度放大会出现锯齿或者马赛克的现象。

图形文件格式如下。

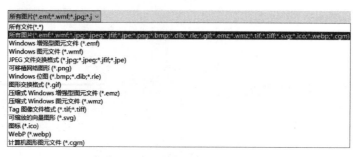

图 4-1   PPT 可用的图片文件格式

（1）WMF 格式。WMF(Windows MetaFile 的缩写)格式,简称图元文件,是微软公司设计开发的一种矢量图形文件格式,是由简单的线条和封闭线条(图形)组成的矢量图,其主要特点是文件非常小,可以任意缩放而不影响图像质量,广泛应用于 Windows 平台。WMF 格式是设备无关的,即输出特性不依赖于具体的输出设备。

（2）EMF 格式。EMF(Enhanced MetaFile 的缩写)格式是 WMF 格式的增强版本,实际上 EMF 是原始 WMF(Windows MetaFile)格式的 32 位版本。EMF 格式是为了解决 WMF 在印刷行业中的不足而改进的矢量文件格式。

（3）SVG 格式。SVG(Scalable Vector Graphics,可缩放矢量图形)格式是 W3C 推出的基于 XML 的二维矢量图形标准。SVG 可以提供高质量的矢量图形渲染,同时由于支持 JavaScript 和文档对象模型,SVG 图形通常具有强大的交互能力。

（4）ICO 格式。ICO 是一种图标文件格式,图标文件可以存储单个图案、多尺寸、多色板的图标文件。一个图标实际上是多张不同格式图片的集合体,并且还包含了一定的透明区域。

图像文件格式如下。

（1）JPEG 格式。JPEG 格式简称 JPG,文件的后缀名为 jpg,这是最常用、最有效、最基本的有损压缩格式。JPEG 文件的格式小,占用存储空间少,兼容性极强。同时 JPEG 还是一种很灵活的格式,具有调节图像质量的功能,支持不同的文件压缩比。但是 JPEG 格式采用有损压缩方式,对图像的呈现质量有一定影响。

（2）PNG 格式。PNG 是一种专门为 Web 开发的网络图像格式,文件的后缀名为 png,结合了 GIF 和 JPEG 的优点,具有存储形式丰富的特点。PNG 格式可以为图像定义 256 个透明层次,并产生无锯齿状的透明背景。由于 PNG 格式可以实现无损压缩,并且背景部分是透明的,常用于存储背景透明的图像素材。这种支持透明效果的功能是 JPEG 格式所没有的。

（3）BMP 格式。BMP 格式文件的色彩深度有 1 位、4 位、8 位及 24 位。BMP 格式是应用比较广泛的一种图像格式,由于采用 RLE 无损压缩方式,所以图像质量较高,但 BMP 格式的缺点是文件占空间较大,通常用于单机,不适于网络传输。BMP 格式主要用于保存位图图像,支持 RGB、位图、灰度和索引颜色模式,但是不支持 Alpha 通道。

（4）GIF 格式。GIF 格式是一种流行的彩色图形文件格式,文件的后缀名为 gif,常应用于网络图像上,是输出图像到网页最常用的格式。GIF 是一种 8 位彩色图形文件格式,支持 256 种颜色的彩色图像,并且在一个 GIF 文件中可以记录多幅图像,支持透明和动画,而且文件较小。

（5）TIFF 格式。TIFF 格式简称 TIF 格式,文件名后缀是 tif。适用于不同的应用程序及平台,存储和图形媒体之间的交换效率很高,是图形图像处理中常用的格式之一。TIFF 格式最大的特点就是保存图像质量不受影响,而且能够保存文档中的图层信息以及 Alpha 通道。如果设计的图像需要高品质印刷输出的话,通常保存为该格式。

2. 删除图片的背景

删除图片的背景,目的是突出需要展示的主体。PPT 删除图片的背景有两个方法:一是通过设置透明色,将单一颜色的背景删除;二是通过"删除背景"功能,将主体的背景删除。

(1)设置透明色。如果图片的背景为较为单一的颜色,而且这种颜色和主体的颜色反差较为显著时,可以使用"设置透明色"功能,快速删除图片的背景。单击选中 PPT 页面中插入的图片,单击"图片格式"选项卡→"调整"功能区→"颜色"按钮,在弹出的下拉列表中选择"设置透明色"命令(如图 4-2 所示),将光标移动到图片的背景上,此时光标变为一把刻刀的形状,在图片的黄色背景上单击,即可删除黄色的背景,完成效果如图 4-3 所示。

图 4-2 设置透明色

图 4-3 删除黄色背景的效果

（2）删除背景。单击选中 PPT 页面中插入的图片，单击"图片格式"选项卡→"调整"功能区→"删除背景"按钮，在出现的"背景消除"编辑界面中，单击"标记要保留的区域"按钮，光标变成画笔的形状，此时可以绘制线条以标记要在图片中保留的区域；单击"标记要删除的区域"按钮，此时可以绘制线条以标记要从图片中删除的区域，将要被删除的区域以紫色覆盖，如图 4-4 所示；通过上述两个按钮工具的组合使用，可以把图片中男孩的背景删除，完成的效果如图 4-5 所示。

图 4-4　紫色覆盖的为将被删除的区域

图 4-5　删除背景的效果

以上两种删除图片背景的方法，适用于对细节要求不高的场景。如果需要精细处理图片的背景，或者图片背景过于复杂，主体包含细节过多，那么就需要选用专业的图像处理软件来处理了。

4.1.2　项目案例：删除背景放大图片突出西瓜的鲜甜多汁

视频讲解

删除图片背景，放大图片局部，是强化视觉效果最佳方法之一。需要特别注意的是，制作局部放大的图片效果，前提是图片素材要有足够大的分辨率，放大后才不至于模糊。本案例以夏日制作清爽的西瓜主题 PPT 页面为例,演示如何一步步将主体更加突出。

(1)打开一份介绍西瓜主题的 PPT 原稿,如图 4-6 所示。该页面中图文搭配没有特色,新鲜多汁的西瓜也没有足够凸显出来。

(2)使用"删除背景"的功能,删除西瓜图片的背景,完成的效果如图 4-7 所示。

图 4-6　PPT 原稿

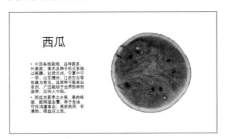

图 4-7　删除图片背景

(3)通过取色器或者直接输入颜色的十六进制代码,将背景设置为浅浅的淡绿色(♯F8FFEF);将主标题"西瓜"字体设为"方正小标宋简体";将内容文本区分为 3 个段落,并提炼出"中国产地""原种来源""西瓜功效"3 个标题;将西瓜图片拖拽放大,放置在页面的右侧,效果如图 4-8 所示。

(4)将文字"西瓜"字号设为"115",拆分为两个文本框,错落摆放,文本填充设为图片填充,填充为西瓜皮的纹理图片;添加西瓜的英文名称"watermelon",字体设为"方正小标宋简体",字号设为"28",文字颜色改为深绿色(♯214C3B),和整体色调相统一;3 个小标题的字体设为"方正粗圆简体",字号设为"24",颜色设为深绿色(♯214C3B);内容文字的字体设为"等线体",字号设为"18",颜色同样设为深绿色(♯214C3B),完成的第一种效果如图 4-9 所示。图片中的西瓜瓤由于局部放大,显得鲜甜多汁,整体色调统一和谐。

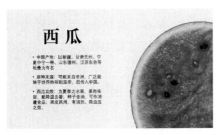

图 4-8　放大西瓜局部

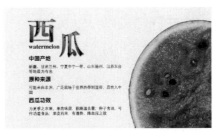

图 4-9　设置文本字体格式

(5)还可以更换图片,插入另外一张未切开的完整西瓜的图片,如图 4-10 所示。

(6)同样,使用"删除背景"的功能,删除西瓜图片的背景,完成的效果如图 4-11 所示。

图 4-10　插入完整的西瓜图片

图 4-11　删除西瓜图片背景

（7）单击"图片格式"选项卡→"图片样式"功能区→"图片效果"按钮，在弹出的下拉列表中选择"映像"→"映像变体"→"紧密映像：接触"选项，这样西瓜更有立体效果，第二种效果如图4-12所示。

（8）还可以将西瓜图片放大至覆盖整个PPT页面作为背景；文字颜色全部设为白色；"中国产地""原种来源""西瓜功效"3个文本框填充颜色设为绿色（♯749F06），透明度设为"42％"，背景图片分辨率高，水滴清晰可见，视觉效果更为强烈，第三种效果如图4-13所示。

图4-12　设置西瓜图片映像效果

图4-13　放大西瓜图片作为背景

本案例展示了图片作为主体、作为背景的两种用法，在整体色调处理上，页面背景和文字颜色均采用了和西瓜纹理相近的绿色调，使得整体页面和谐统一，同时主体更加突出。

视频讲解

4.1.3　项目案例：删除背景突出剁椒鱼头菜品的香辣特色

"剁椒鱼头"是湖南湘菜的经典名菜，被评为"中国菜"湖南十大经典名菜。店家做的招牌菜"剁椒鱼头"色香味俱全，更需要一份突出香辣特色的PPT。本案例就以剁椒鱼头菜品为例，通过删除背景，突出主体，设计制作一页图文并茂、特色鲜明的PPT页面。

（1）打开一份介绍"剁椒鱼头"菜品的PPT原稿，如图4-14所示。该页面设计虽然有图有文，但是大段文本没有层次，可读性不强；图片的红色背景和菜品中的辣椒属于同一色系，反而干扰和弱化了菜品的主体。

（2）针对文本内容，提炼出"菜品菜系""菜品历史""菜品做法""菜品特色"等4个小标题，如图4-15所示。

图4-14　PPT原稿

图4-15　内容区分为4个段落

（3）使用"删除背景"的功能，删除菜品图片的背景；将文本内容按照小标题区分为4块，小标题文字字体设为"方正粗圆简体"，字号设为"24"，颜色设为标准色中的深红（♯C00000）；正文字体设为"等线"，字号设为"20"，颜色设为黑色；效果如图4-16所示。

（4）菜品的菜碟没有特色，插入一张青花瓷的菜碟图片，如图4-17所示。

图 4-16 文本内容分为 4 块

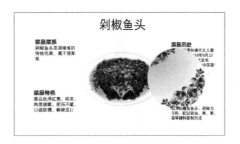

图 4-17 插入一张青花瓷的菜碟图片

（5）使用"删除背景"的功能，将原图的菜碟删除，适当压缩新插入的菜碟图片高度，叠加在菜品图片之下，作为新的菜碟，效果如图 4-18 所示。

（6）将标题"剁椒鱼头"分为"剁椒"和"鱼头"两个文本框，错落摆放，字体设为"叶根友刀锋黑草"，字号设为"66"，文本填充设为"渐变填充"，渐变色设为红色（♯FF0000）到深红色（♯C00000）；插入两个椭圆，在"设置形状格式"窗格中，将其中一个椭圆的形状轮廓设为"虚线"中的"短画线"，颜色设为深红（♯C00000），透明度设为"79％"，粗细设为"1.5 磅"；另一个椭圆的形状轮廓设为实线，颜色设为灰色（♯A6A6A6），透明度设为"76％"，粗细设为"1 磅"；效果如图 4-19 所示。

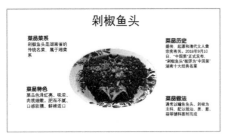

图 4-18 更换菜碟的效果

图 4-19 设置标题字体颜色

（7）插入一张剁椒的图片，并复制一份。其中一张作为标题文字的装饰，缩小放置在"剁椒"文字下方；另外一张放大，置于底层，图片透明度设为"95％"，作为页面背景；效果如图 4-20 所示。

（8）在页面的左上角插入一个"五边形箭头"形状，填充颜色设为深红（♯C00000），设置"映像"形状效果为"紧密映像：接触"；输入文字"店家招牌"，字体设为"文鼎大颜楷"，字号设为"32"，文字颜色设为白色；插入一个"六边形"形状，填充颜色设为深红色（♯C00000）；插入一个辣椒的图片，将其颜色饱和度设为"0％"，然后重新着色为"黑白：25％"，这样图片就变为白色的剪影了，将其叠加在六边形之上，适当缩小，将六边形和白色剪影辣椒图片组合，然后复制 3 份，分别放置在 4 个小标题的一侧作为装饰；设置背景格式为"纯色填充"，颜色设为米黄色（♯FFFCF2），完成的效果如图 4-21 所示。

图 4-20 插入剁椒图片作为装饰及背景

图 4-21 完成的效果

本案例展示了图片作为主体、作为背景、作为装饰的三种用法,既突出了主体对象,又烘托了菜品的香辣特色,菜品颜色、文字颜色和形状颜色形成了统一的红色调,设计成了一页直观形象的广告页,吸引顾客前来用餐。

4.2 图片裁剪,聚焦主题

无论是自己拍摄的现场照片,还是搜集整理的图片素材,如果不够聚焦所要表达的主体,就需要进一步对图片素材进行处理,例如裁剪放大图片的局部,或者扩展图片留白的区域。对图片素材的编辑处理,是PPT的一项重要功能,能够满足基本的图片处理的需求。

4.2.1 基础知识

1. 裁剪图片

将图片多余的部分裁剪掉,能够进一步聚焦主体,获得更好的视觉效果。裁剪图片有多种方法,一是通过"裁剪"按钮,调整裁剪的区域进行裁剪,这种方法只能裁剪成矩形;二是通过"裁剪为形状"按钮,可以将图片裁剪成特定的形状,从而更有利于图片的排版和创意设计。

(1)通过"裁剪"按钮进行裁剪。单击选中已经插入的荷花图片,单击"图片格式"选项卡→"大小"功能区→"裁剪"按钮,此时图片的四边和四角会分别出现黑色的粗线和折线,移动鼠标到这些标记线的上方拖拽鼠标,灰色的区域为将要被裁剪的部分,彩色的区域是将要被保留的区域,如图4-22所示;确认好裁剪区域后,鼠标单击所需图片之外的区域,即可完成裁剪,完成的效果如图4-23所示。

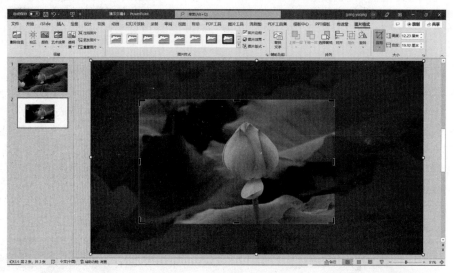

图4-22　选中图片进行裁剪

(2)通过"裁剪为形状"按钮进行裁剪。单击"图片格式"选项卡→"大小"功能区→"裁剪"按钮下方的向下箭头,此时会弹出下拉列表,选择"裁剪为形状"命令,然后在弹出的形状选项框中,分别选择"基本形状"中的"六边形"和"流程图"中的"流程图:资料带",裁剪效果分别如图4-24、图4-25所示。

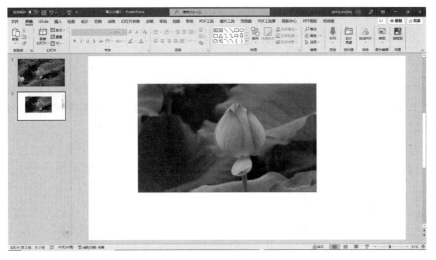

图 4-23　裁剪完成的效果

图 4-24　"六边形"裁剪效果

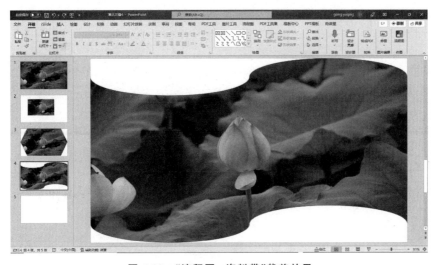

图 4-25　"流程图：资料带"裁剪效果

第二种方法,也可以首先绘制形状,然后设置图片格式为"图片或纹理填充",将"图片源"选择为"插入"外部图片文件或者为粘贴在剪贴板上的图片。

2. 拼接图片

拼接图片是指将多张图片自然过渡地拼接在一起,形成一张完整的图片。拼接图片常用于图片的长宽比例不符合 PPT 页面比例的情况,如果强行拖拽改变图片的高度或宽度,容易造成图片中的人物或者物体变形。拼接图片可以采用如下方法:

(1)使用图片本身的背景拼接。如果图片的背景比较单一、变化有规律,那么可以采用拼接图片的方法,补足图片尺寸不够的地方。例如,PPT 页面中插入一张男孩子的图片,页面两端有留白,如图 4-26 所示,可以采用拼接法将留白的地方补上。单击选择该图片,按 Ctrl+D 组合键,复制一份图片,通过"裁剪"功能,留下左侧背景部分,它和原有图片背景能够较好地融合在一起,完成效果如图 4-27 所示。

图 4-26　图片两侧有留白

图 4-27　图片拼接填补空白

（2）使用渐变蒙版拼接。很多情况下，图片的背景没有那么单一的颜色，而是较为繁杂，那么这种情况可以采用渐变蒙版，即为蒙版设置渐变填充，使得蒙版颜色到图片自然过渡。例如，"致敬最美的白衣天使"PPT页面，左侧的文字内容和右侧的图片分割过于明显，不利于整体页面的融合。插入一个矩形，矩形的"形状轮廓"设为"无轮廓"，"形状填充"设为"渐变填充"，"渐变光圈"的两个滑块（停止点1、停止点2）颜色均设为白色，透明度分别设为"100％""0％"，"角度"设为"180°"，参数设置如图4-28所示；完成前后的效果分别如图4-29、图4-30所示。

图4-28 "渐变填充"参数设置   图4-29 未添加渐变蒙版的效果   图4-30 添加渐变蒙版的效果

4.2.2 项目案例：裁剪图片突出PPT动物保护主题

保护动物刻不容缓，全世界都在号召保护动物。动物保护的核心内容是禁止虐待、残害任何动物，禁止猎杀和捕食野生动物。如何突出动物保护的主题呢？形象生动的动物图片是很好的素材，本案例通过图片素材的裁剪和排版，突出动物保护的主题，具体方法步骤如下。

（1）打开一份PPT原稿，这是鼓励保护动物的主题PPT页面，多张图片排版在一个页面内，动物主体不够突出，如图4-31所示。

（2）通过"裁剪"按钮，对动物图片进行裁剪，突出放大动物图片的局部，效果如图4-32所示。

图4-31 PPT原稿   图4-32 裁剪动物图片

（3）修改文字颜色和字体，将"鼓励保护动物"字体设为"叶根友刀锋黑草"，其中"鼓励"两个字的"文本填充"设为"渐变填充"，"渐变光圈"的两个滑块颜色均设为深绿色（♯1B7C51），透明度分别设为"75％""0％"，"角度"设为"270°"；插入一个矩形作为背景，设置形状格式"填充"为"渐变填充"，"渐变光圈"的两个滑块颜色分别设为浅绿色（♯5F9E81）和深绿色（♯1B7C51），透明度分别设为"75％""0％"，"角度"设为"0°"；内容文字颜色设为白色，字体设为"方正大标宋简体"，字号设为"18"，效果如图4-33所示。

（4）"鼓励"两个字两侧各插入一条直线，形状轮廓颜色设为深绿色（♯056D40），粗细设为"1.5磅"，稍微倾斜，起着装饰作用；插入一个文本框，输入英文"World animal protection"，字体设为"方正粗圆简体"，字号设为"24"，颜色设为深绿色（♯056D40）；插入文本框，输入动物名称文字，字体设为"方正大标宋简体"，字号设为"18"，颜色设为白色，并叠加透明度渐变效果的矩形作为背景，矩形的"渐变填充"两个滑块（停止点1、停止点2）的颜色均设为绿色（♯1B7C51），透明度分别设为"100％""0％"，角度设为"0°"；完成效果如图4-34所示。

图4-33 修改文字颜色及背景

图4-34 添加装饰线及动物名称

（5）插入一张大猩猩图片，如图4-35所示。

（6）使用"删除背景"功能，将大猩猩图片的黑色背景删除，删除背景的效果如图4-36所示。

图4-35 插入大猩猩图片

图4-36 删除大猩猩图片的背景

（7）右击大猩猩图片，在快捷菜单中选择"设置图片格式"命令，单击"设置图片格式"窗格→"图片"选项卡→"图片透明度"设置栏，将"透明度"设为"90％"，这样大猩猩图片获得半透明的效果，将该图片置于所有动物图片之下作为背景，完成的第一种设计效果如图4-37所示。

（8）删除半透明的大猩猩图片；6张动物图片也可以通过"裁剪为形状"功能，分别裁剪为圆形；在"设置图片格式"窗格中，将圆形的轮廓线条设为"渐变线"，设为从绿色（♯1E7E53，透明度"0％"）到白色（♯FFFFFF，透明度"60％"）的渐变；调整内容文字的颜色，改为主题颜色中的"橙色，个性色2"（♯ED7D31）；插入矩形，形状填充设为绿色（♯1E7E53），叠加动物名称，完成的第二种设计效果如图4-38所示。

本案例通过裁剪图片，突出了动物的局部细节；通过设置半透明效果的图片作为背景，烘托了动物保护的主题；通过裁剪为形状，将图片设置为圆形，活跃了PPT页面的版式。

图 4-37　完成的第一种设计效果

图 4-38　完成的第二种设计效果

4.2.3　项目案例：六边形填充图片改进母亲旅行记 PPT

视频讲解

设计多图片排版的思路之一是首先绘制形状，然后设置图片格式为"图片或纹理填充"，将"图片源"选择为"插入"外部图片文件或者为粘贴在剪贴板上的图片。本案例利用六边形巧妙安排多张图片的排版，为老母亲设计一张独特的 PPT 页面，具体方法步骤如下。

（1）打开一份 PPT 原稿，该页面内有多张图片，虽然边线对齐，但显得很拥挤，人物主体也不够突出，如图 4-39 所示。

（2）先删除原有图片，插入一个六边形，形状轮廓设为"无轮廓"，如图 4-40 所示。

图 4-39　PPT 原稿

图 4-40　插入一个六边形

（3）单击选择六边形，单击"形状格式"选项卡→"形状样式"功能区→"形状填充"按钮，在弹出的下拉列表中，单击选择"图片"命令，然后在"插入图片"中选择"来自文件"选项，在弹出的"插入图片"对话框中，选择母亲的图片，完成效果如图 4-41 所示。

（4）使用 Ctrl＋D 组合键，再复制 6 个六边形，并对齐边缘排列，效果如图 4-42 所示。

图 4-41　六边形填充母亲图片

图 4-42　复制 6 个六边形

（5）采用同样的方法，将复制的 6 个六边形分别填充为风景图片，如图 4-43 所示。

（6）单击选择中心的母亲图片的六边形，单击"图片格式"选项卡→"调整"功能区→"校正"按钮，在弹出的下拉列表中，选择"亮度/对比度"下方的图片效果"亮度：＋20% 对比度：0%（正常）"，将母亲图片稍微调亮，完成效果如图 4-44 所示。

图4-43　多个六边形填充图片

图4-44　调亮母亲图片的亮度

（7）修改标题和内容文字的字体，字体设为"华文行楷"，字号分别设为"36"和"24"，完成效果如图4-45所示。

（8）在PPT页面的左上角插入一张PNG格式的树叶图片作为修饰，增加空间透视感，最后完成的效果如图4-46所示。

图4-45　修改文字字体

图4-46　最后完成的效果

本案例利用形状来裁剪图片，大大提升了图片的可塑性，同时也提高了排版的灵活性。不使用专业的图像处理软件也能够方便裁剪图片，突出主体，让亲爱的母亲妥妥地站在中心位置！

4.3　图片排版，灵活多变

图片到底该如何排版才既切合主题，又美观好看，关键在于要厘清图片在PPT页面中的作用。图片有三种作用：一是作为主体内容；二是作为背景烘托；三是装饰美化页面。如果图片作为主体内容，那么图片一定要清晰醒目，突出显著，尤其是介绍重要细节的时候，更要强调显示。如果图片作为背景烘托，那么可以降低图片的透明度，渐隐渐现，甚至可以将图片饱和度设为0，变为黑白灰图片。如果图片用于装饰美化页面，那么图片可以尽量缩小一点，背景干净一点。

4.3.1　基础知识

1. 图片版式

图片版式是PPT快速设置图片排版的功能，PPT内置了30种图片排版的样式，能够又快又好地对多张图片排版。

（1）设置图片版式。首先在PPT页面中插入5张图片，按Alt＋A组合键，选择所有图片，然后依次单击"图片格式"选项卡→"图片样式"功能区→"图片版式"按钮，在弹出的下拉列表中，根据需要选择合适的图片版式(如图 4-47 所示)。

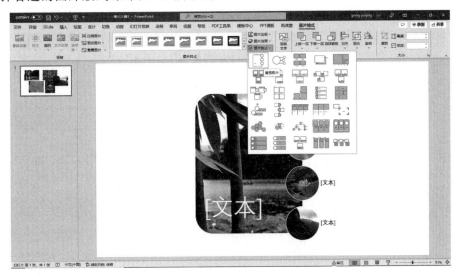

图 4-47　利用图片版式设置多图片排版

(2) 更换图片版式。在相应的文本框内输入文字"翠竹""稻香""莲叶""莲花""远山",即可快速完成多图片的排版;在图片版式下拉列表中,为当前的图片分别设置"圆形图片标注""螺旋图""蛇形图片半透明文本""蛇形图片题注列表"等图片版式,效果分别如图 4-48～图 4-51 所示。

图 4-48　"圆形图片标注"图片版式

图 4-49　"螺旋图"图片版式

图 4-50　"蛇形图片半透明文本"图片版式

图 4-51　"蛇形图片题注列表"图片版式

2. 图片样式

图片样式是对图片设置的多种格式的集合,为图片应用图片样式能够快速美化图片,提高版面设置的效率。PowerPoint 一共内置了 28 种图片样式,每种图片样式都有特定的名称和相应的效果。

(1) 设置图片样式。在 PPT 页面背景上,插入了两张山景图片,单击选中其中一张图片,单击"图片格式"选项卡→"图片样式"功能区→"图片样式"向下箭头按钮,在弹出的图片样式的下拉列表中,单击选择"旋转,白色"图片样式,即可为当前图片设置样式;单击选中另外一张图片,同样设置该图片的样式,适当旋转图片的角度,即可快速完成图片的样式设置及页面排版,效果如图 4-52 所示。

图 4-52　设置图片样式

(2) 设置图片效果。单击"图片格式"选项卡→"图片样式"功能区→"图片效果"按钮,在展开的二级菜单命令中,可以进一步设置图片的相关效果,在预设菜单中设置了 12 种预设效果,如图 4-53 所示;单击"图片样式"功能区的右下角箭头,即可弹出"设置图片格式"窗格,可以分别设置"阴影""映像""发光""柔化边缘""三维格式""三维旋转""艺术效果"等格式。例如,单击展开"阴影"设置选项,可为当前选中的图片设置"阴影"的"透明度""大小""模糊""角度""距离"等参数,如图 4-54 所示。

图 4-53　"图片效果"下拉列表

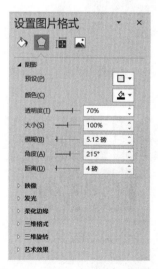

图 4-54　"阴影"的各项参数设置

3. 图片重新着色

图片的颜色决定了图片的色调,例如夕阳西下的暖色调(如图 4-55 所示)、清晨湖光的冷色调(如图 4-56 所示)。

图 4-55　暖色调

图 4-56　冷色调

PPT 中插入的图片可以通过重新着色的方法,改变图片的色调,使得图片素材和 PPT 页面背景较好地融合在一起。

例如,单击选中 PPT 页面中红色人群的图片(如图 4-57 所示);然后依次单击"图片格式"选项卡→"调整"功能区→"颜色"按钮,在弹出的下拉列表中,单击选择"重新着色"选项区中的"金色,个性色 4 浅色"选项,完成效果如图 4-58 所示。

图 4-57　重新着色之前

图 4-58　重新着色之后

4.3.2　项目案例:利用"图片版式"功能快速完成多图片排版

视频讲解

对于不擅长于美工设计的 PPT 初学者来说,多图片的排版样式往往较为单一,缺乏变化。利用"图片版式"功能,能够快速实现多图片的排版。本案例以"红色之旅:继承革命精神"为主题,为一份图文排版的 PPT 页面设计多种版式效果,具体操作步骤如下。

(1) 打开一份 PPT 原稿,该 PPT 内容页中的 5 张图片的排版较为单一,如图 4-59 所示。

(2) 该 PPT 的另外一页内容文字页有大段文本,不利于观看浏览,如图 4-60 所示。

图 4-59　PPT 页面原稿

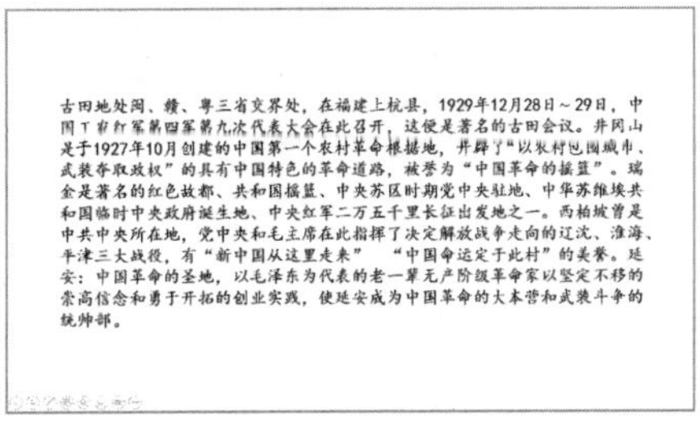

图 4-60　PPT 原稿文字素材

（3）单击选择文字页的文本，将文本分为 5 个段落，并提炼出每段文本的标题，如图 4-61 所示。

（4）按住 Shift 键，依次单击 5 张图片，将 5 张图片全部选中，依次单击"图片格式"选项卡→"图片样式"功能区→"图片版式"按钮，在弹出的下拉列表中，单击选择第 1 行第 3 个版式，即"图片题注列表"图片版式，在相应的文本框内，分别输入"古田""井冈山""瑞金""西柏坡""延安"文字，文本字体设为"楷体"，字号设为"36"；PPT 页面背景

图 4-61　将文本分段处理

颜色设为米黄色（♯F7F5D1）；插入红色飘带图片，插入一个文本框，输入文字"红色之旅"，其中"红"字体设为"方正行楷简体"，字号设为"60"，"色之旅"字体设为"微软雅黑"，字号设为"36"，文本设为从标准色中的黄色（♯FFFF00）到标准色中的金色（♯FFC000）的渐变填充，完成效果如图 4-62 所示。

图 4-62　设置"图片题注列表"图片版式

（5）将图片版式设为"六边形群集"，效果如图 4-63 所示。

（6）将图片版式设为"标题图片块"，效果如图 4-64 所示。

图 4-63　"六边形群集"图片版式

图 4-64　"标题图片块"图片版式

（7）将图片版式设为"升序图片重点流程"，将红色飘带旋转角度为垂直摆放，注意图文要按照中国革命史的进程排序，效果如图 4-65 所示。

（8）将图片版式设为"垂直图片列表"，效果如图 4-66 所示。

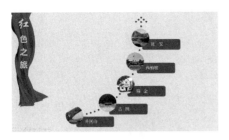

图 4-65 "升序图片重点流程"图片版式

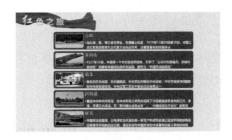

图 4-66 "垂直图片列表"图片版式

（9）将图片版式设为"蛇形图片重点列表"，效果如图 4-67 所示。

（10）将图片版式设为"图片重点列表"，效果如图 4-68 所示。

图 4-67 "蛇形图片重点列表"图片版式

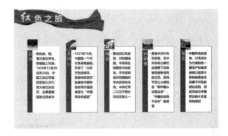

图 4-68 "图片重点列表"图片版式

（11）将图片版式设为"连续图片列表"，效果如图 4-69 所示。

（12）将图片版式设为"图片排列"，效果如图 4-70 所示。

图 4-69 "连续图片列表"图片版式

图 4-70 "图片排列"图片版式

本案例利用"图片版式"，展示了多种图文排版方式。通过图文排版的样式练习，可以比较不同版式的视觉效果，拓展图文排版的思路，进一步丰富页面版式的效果。同时，为了呼应红色之旅的主题，飘带图片素材的颜色、矩形及圆角矩形的填充颜色等均设为红色，整体形成了统一的视觉效果。

4.3.3 项目案例：阳光男孩介绍 PPT 页面多样式图文排版

视频讲解

人物介绍的 PPT，可以根据主题的风格，充分利用渐变背景、文字字体变化、形状衬托等方法，展示人物的特点。本案例以介绍一名男孩的 PPT 为例，设计多种样式的图文排版，具体操作步骤如下。

（1）打开一份介绍男孩的 PPT 原稿，该页面的留白空置比较大，左图右文的排版方式流于平淡，人物主体不够突出，如图 4-71 所示。

(2) 使用 PPT"删除背景"的功能删除男孩图片的背景,插入一个矩形作为背景,矩形设为"渐变填充","方向"设为"线性对角-左下到右上","类型"设为"线性","角度"设为"315°","渐变光圈"设为标准色中的浅蓝色(#00B0F0)到白色(#FFFFFF)的渐变,效果如图 4-72 所示。

图 4-71　PPT 页面原稿

图 4-72　插入渐变填充的矩形

(3) 将矩形放大至覆盖全部页面,作为背景,如图 4-73 所示。

(4) 男孩姓名字体设为"方正大标宋简体",字号设为"54",填充颜色设为从蓝色(#024ECA)到浅蓝色(#00B0F0)的渐变填充;男孩姓名的拼音字母字体设为"Embassy BT",字号设为"44",颜色设为白色(#FFFFFF);介绍男孩的文本字体设为"微软雅黑",字号设为"18",颜色设为灰色(#404040),行距设为"1.5 倍",效果如图 4-74 所示。

图 4-73　矩形放大至全部页面

图 4-74　设置文本格式

(5) 插入一个圆形,填充颜色设为从浅蓝色(#00B0F0)到白色(#FFFFFF)的"渐变填充",透明度均设为"38%";复制两个该圆形,适当旋转角度,将 3 个圆形分别放置于页面的左上角、右上角和右侧,作为页面的装饰,完成的第一种页面效果,如图 4-75 所示。

(6) 设置另外一种页面效果。插入一个矩形,填充颜色设为浅蓝色(#00B0F0),放大至略小于页面的大小;文本全部设为白色(#FFFFFF);插入大写字母 G、J、F,字体设为"方正大标宋简体",字号设为"239",文本填充设为从浅蓝色(#00B0F0)到白色(#FFFFFF)的"渐变填充",完成的第二种页面效果,如图 4-76 所示。

图 4-75　插入 3 个圆形后的效果

图 4-76　矩形背景效果

（7）在上述第一种页面版式效果的基础上，设置第二种页面效果。插入一个平行四边形，从左下角延伸至右上角，填充颜色设为浅蓝色（♯00B0F0）；大写字母 G、J、F 字体依然设为"方正大标宋简体"，字号设为"199"，与平行四边形的左边平齐；姓名的拼音字体设为"Mistral"，字号设为"96"，颜色设为白色，透明度设为"70％"，旋转角度与平行四边形右侧平齐，第二种页面效果如图 4-77 所示。

（8）再次改变页面效果。插入一个圆形作为背景，填充颜色设为浅蓝色（♯A8E4F9）；介绍男孩的文本设为蓝色（♯0088B8），第三种页面效果如图 4-78 所示。

图 4-77　平行四边形作为背景　　　　　　　　图 4-78　圆形作为背景

（9）改变背景颜色，将矩形设为深蓝色（♯0231CA），姓名的拼音颜色设为浅蓝色（♯00AFFE）；圆形设为蓝色（♯024ECA）到白色的渐变填充，透明度分别设为"0％""16％"；复制姓名拼音 GONGJUNFAN，置于页面的下端，字体设为"Mistral"，字号设为"166"，颜色设为浅蓝色（♯00AFFE），"透明度"设为"80％"，第四种页面效果如图 4-79 所示。

（10）改变页面色调为紫色调。将矩形设为紫色（♯FF79F9）渐变填充，角度设为"90°"，透明度分别设为"50％""100％"；男孩姓名颜色设为深紫色（♯8E0087），姓名拼音颜色设为白色（♯FFFFFF），介绍文本颜色设为深紫色（♯5C0058）；圆形填充颜色设为从紫色（♯FF11F4）到紫色（♯FF11F4）的渐变填充，"透明度"分别设为"91％""65％"；页面下端的姓名拼音字体设为"Mistral"，字号设为"166"，颜色设为紫色（♯FF11F4），"透明度"设为"97％"，第五种页面效果如图 4-80 所示。

图 4-79　蓝色主色调　　　　　　　　　　　　图 4-80　紫色主色调

（11）改变页面色调为橙色调。男孩姓名颜色设为深黄色（♯7F6000），姓名拼音颜色设为橙色（♯FFCD37），介绍文本字色设为深黄色（♯604900），圆形填充颜色设为从浅黄（♯FFF2CC）到金色（♯FFC000）的渐变填充；页面下端的姓名拼音字体设为"华光大标宋"，字号设为"115"，颜色设为橙色（♯FFCD37），"透明度"设为"76％"，第六种页面效果如图 4-81 所示。

（12）再次改变第三种页面效果。删除圆形，插入一个圆角矩形，填充颜色设为白色（♯FFFFFF），"透明度"设为"42％"，此时圆角矩形呈现半透明的蒙版效果，将介绍文本叠加在此圆角矩形之上,适当调整文本位置及男孩图片位置,第七种页面效果如图 4-82 所示。

图 4-81　橙色主色调

图 4-82　白色蒙版效果

(13) 再次改变页面效果。插入一张水彩画图片作为背景,文字颜色都设为白色,第八种页面效果如图 4-83 所示。

(14) 在第五种页面效果的基础上,再次改变页面效果。插入一张兔子图片,放置于男孩图片之下,只露出两只耳朵;插入 4 个五角星,放置在页面不同位置,形状填充颜色设为淡紫色(♯FF79F9),"透明度"分别设为"0％""60％""80％"等;插入一个较大的圆形,填充颜色设为紫色(♯FF79F9),作为男孩的背景;适当调整图文位置,此时页面呈现可爱的俏皮风,第九种页面效果如图 4-84 所示。

图 4-83　水彩画作为背景

图 4-84　俏皮风效果

本案例通过设置多样的图文排版方式,呈现出多样的页面版式效果,学习者可以仔细体会,细心揣摩,多加训练,提升自身的图文排版能力。

第5章

图 表 展 示

素材

本章概述

    图表是PPT设计制作当中经常运用到的一种重要元素,包括柱状图、饼图、条形图、折线图、面积图等,是PPT数据可视化的一个重要表现形式,能够给人形象生动、对比直观之感。在设计运用中,图表既可以让数据直观呈现,也能在画面中起到画龙点睛的效果。实际应用时,一是要选择合适的图表,力求精准表达数据;二是要适度美化,呈现数据清晰明快;三是要突出特色,体现鲜明的个性。

学习目标

1. 了解图表的常见类型及特点。

2. 依据不同数据需求设计相应的图表。

3. 运用色彩搭配、立体透视、图片填充等对图表进行美化。

4. 设置坐标轴、数据标签、网络线等图表元素。

5. SmartArt图形运用。

学习重难点

1. 图表的选择。

2. 图表的效果设置。

3. 图表的美化。

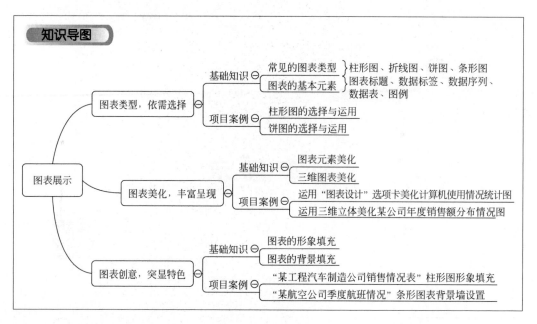

PPT设计制作中,经常会遇到一些数据,如何将数据形象直观地呈现给观众,是大家都比较关注的问题,最为常用和快捷的方式可能是直接放大字体和标注不同颜色,但很难达到形象直观的效果。而PPT图表的运用可以很好地解决这一问题,让数据可视化地呈现在大家面前,既生动形象,又使画面丰富多彩。当然,图表的运用也应遵循一定的原则:为内容服务,不可喧宾夺主、过度美化,从而影响表达。

本章将通过实例展示不同类型图表的选择与运用,以及通过要素美化、立体透视、形象填充等方法,设计个性化的特色图表,从而提升信息的可视化程度和画面的丰富性。

5.1 图表类型,依需选择

不同数据要表达的意义是不一样的,不同的内容对数据类型的要求也不一样,这就要求我们在设计时,针对不同类型的数据特点,在明确数据需要表达的意义之后,选择最为适合的一种图表类型,从而真正达到形象直观的呈现效果。

5.1.1 基础知识

1. 常见的图表类型

单击"插入"选项卡→"插图"功能区→"图表"按钮,在弹出的"插入图表"对话框中,选择需要的图表类型,在弹出的对话框中左侧可以看到PPT常用的图表类型,右侧显示同一类型图表的不同样式和预览图,如图5-1所示。

PPT提供的图表类型丰富,可以根据不同需要有针对性地选择和运用。常见图表类型有:柱形图、折线图、饼图、条形图、面积图、XY散点图、股价图、曲面图、雷达图、树状图、旭日图、直方图、箱形图、瀑布图、组合图等。

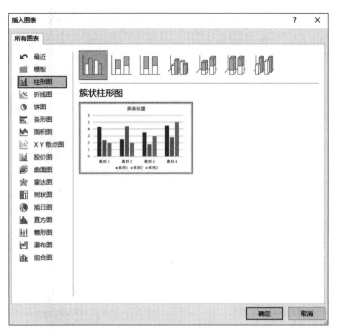

图 5-1　PPT 常用图表类型及样式

（1）柱形图。柱形图分为簇状柱形图（如图 5-2 所示）、堆积柱形图、百分比堆积柱形图、三维簇状柱形图（如图 5-3 所示）、三维堆积柱形图、三维百分比堆积柱形图、三维柱形图等样式。柱形图是一种对不同类别数值进行比较的统计图表，可以展示多个分类的数据变化和同类别各变量之间的比较情况，因此柱形图常用于对比分类数据。如建筑物高度的对比、人员数量的对比、学生成绩的对比等。在使用柱形图的过程中，要注意调整柱宽大小，过窄、过宽都会影响美观。

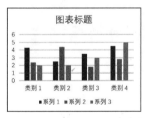

图 5-2　簇状柱形图

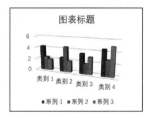

图 5-3　三维簇状柱形图

（2）折线图。折线图分为折线图（如图 5-4 所示）、堆积折线图、百分比堆积折线图、带数据标记的折线图、带数据标记的堆积折线图、带数据标记的百分比堆积折线图、三维折线图（如图 5-5 所示）等样式。可以将排列在工作表中的列或行中的数据绘制到折线图中，主要用于展示连续数值（例如不同年月时间）或者有序分类而变化的连续数据。

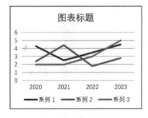

图 5-4　折线图

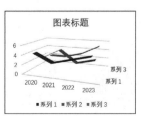

图 5-5　三维折线图

（3）饼图。饼图分为饼图（如图5-6所示）、三维饼图（如图5-7所示）、字母饼图、复合条饼图、圆环饼图等样式，主要用来展示数据的分类和占比情况，适合单个分类维度字段和单个数值度量字段的数据，如公司销售额度占比、单位学历情况占比、学生籍贯占比情况等。当分析数量过多（不宜超过9个），或者分类占比数据差别不大时，效果不明显，不建议使用。

图 5-6　饼图

图 5-7　三维饼图

（4）条形图。条形图分为簇状条形图（如图5-8所示）、堆积条形图、百分比堆积条形图、三维簇状条形图（如图5-9所示）、三维堆积条形图、三维百分比堆积条形图等样式，与柱形图有相似之处，主要强调各个数据项之间的差别。图中纵轴体现分类，横轴展示数值，以此突出数值比较。

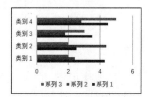

图 5-8　簇状条形图

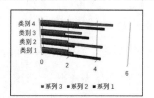

图 5-9　三维簇状条形图

更多的图表类型，例如XY散点图、股价图、曲面图、雷达图、树状图、旭日图、直方图、箱形图、瀑布图、组合图，分别如图5-10～图5-19所示。

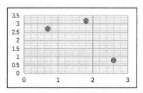

图 5-10　XY 散点图

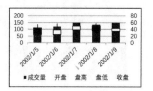

图 5-11　股价图

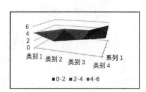

图 5-12　曲面图

图 5-13　雷达图

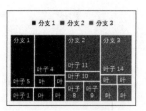

图 5-14　树状图

图 5-15　旭日图

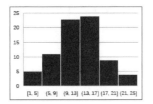

图 5-16 直方图

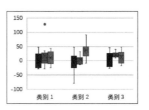

图 5-17 箱形图

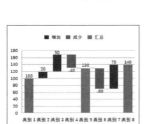

图 5-18 瀑布图

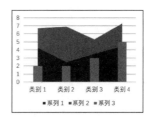

图 5-19 组合图

2. 图表的基本元素

图表的基本元素包括图表标题、数据标签、数据序列、数据表、图例等(如图 5-20 所示),在实际运用过程中可以根据需要进行选择,可简可繁。点击图表后右侧显示选项,从上而下分别为图表元素、图表样式和图表筛选器选项,单击加号图标 ➕ 展开图表元素,勾选图表元素前的多选框,即可将该元素在图表中显示出来,如图 5-21 所示。

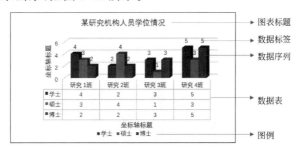

图 5-20 图表基本元素

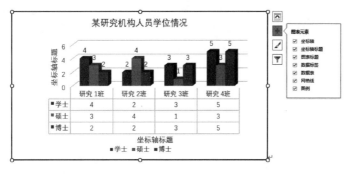

图 5-21 图表元素编辑选项

图表数据的调整。在实际工作中,很多数据表格需要经常变更或添加数据,PPT 的图表数据编辑可以轻松快捷实现该任务,给工作带来极大便利。方法是:右击该图表,在弹出的快捷菜单中选择"数据编辑",如图 5-22 所示;随后在弹出的"Microsoft PowerPoint 中的图表"表格中编辑相关数据,如图 5-23 所示;数据的增加和删除与在 Excel 中的操作相同,数据编辑完成后关闭即可。

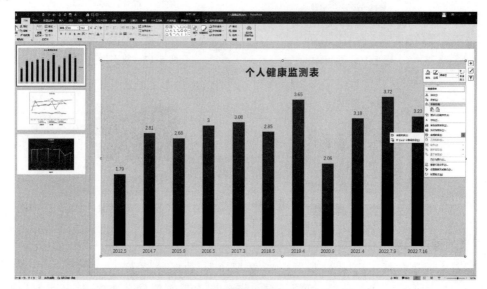

图 5-22 "数据编辑"快捷菜单

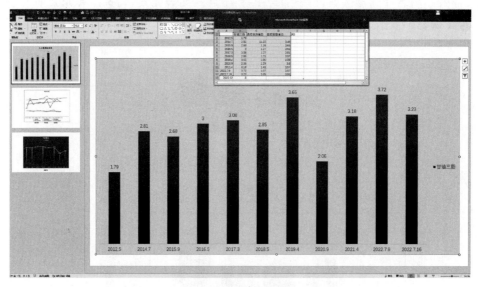

图 5-23 PPT 数据编辑

5.1.2 项目案例:柱形图的选择与运用

在实际工作中,柱形图运用较为广泛。本案例以某公司不同区域季度营业收入情况为例,演示如何选择和运用柱形图表。

案例:某公司年度收入情况为:东北地区 5600 万元、华北地区 3700 万元、华中地区 3300 万元、华东地区 6000 万元、华南地区 7200 万元、西北地区 4200 万元、西南地区 2200 万元。

（1）单击"插入"选项卡→"插图"功能区→"图表"按钮，在弹出的"插入图表"对话框中，单击选择图表类型为"柱形图"→簇状柱形图，如图 5-24 所示，插入图表后的效果如图 5-25 所示。

图 5-24　插入图表

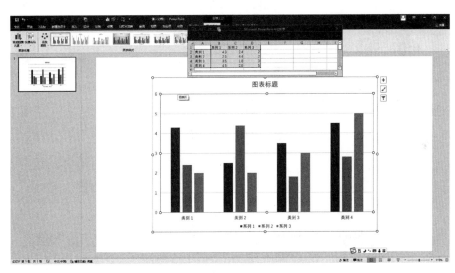

图 5-25　柱形图默认状态

（2）在 Excel 编辑窗口删除多余"系列"，如图 5-26 所示；然后选中表格，将鼠标移至选中右下角，变成小十字形后拖动增加到所需表格行和列。将案例中相关文字和数据填入相应表格，如图 5-27 所示。

（3）关闭 Excel 编辑窗口，插入图表如图 5-28 所示；调整图表标题，稍加修饰，完成柱形图如图 5-29 所示。

（4）默认"系列"中图表色彩为单色，若在步骤（2）中（图 5-26）删除"类别"，保留"系列"，则默认彩色效果，如图 5-30 所示，修饰后的效果如图 5-31 所示。或者，右击图表，在弹出的快捷菜单中选择"编辑数据"命令，然后单击"图表设计"选项卡→"数据"功能区→"切换行/列"按钮，此时单色的柱形也会变为彩色。

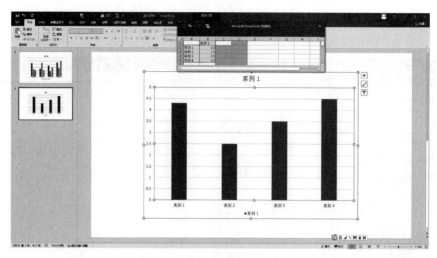

图 5-26   删除多余"系列"

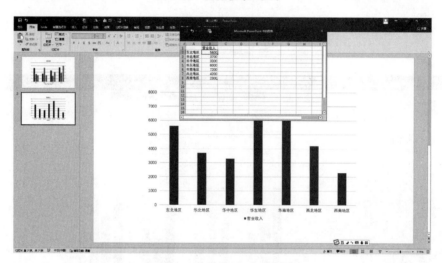

图 5-27   输入相关文字和数据

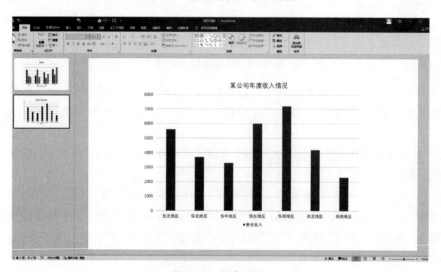

图 5-28   图表完成

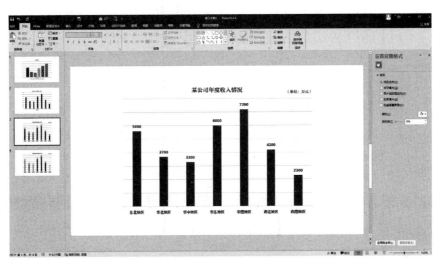

图 5-29 修饰后的图表

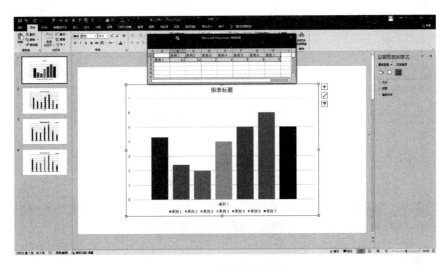

图 5-30 删除"类别"效果

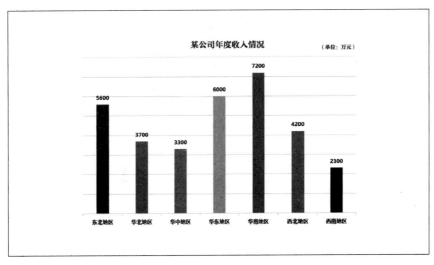

图 5-31 修饰后效果

5.1.3 项目案例：饼图的选择与运用

饼图多用于比例数据的可视化呈现，可形象展示不同数据在总体中的占比。本案例以某公司总收入中不同区域收入占比情况为例，演示饼图的选择和运用。

案例：某公司年度总收入为 3.22 亿元；东北地区占比 17%、华北地区占比 10.9%、华中地区占比 10.2%、华东地区占比 19.3%、华南地区占比 22.1%、西北地区占比 13.5%、西南地区占比 7%。

(1) 单击"插入"选项卡→"插图"功能区→"图表"按钮，在弹出的"插入图表"对话框中，单击选择图表类型为"饼图"中的"三维饼图"，如图 5-32 所示，插入后的图表如图 5-33 所示。

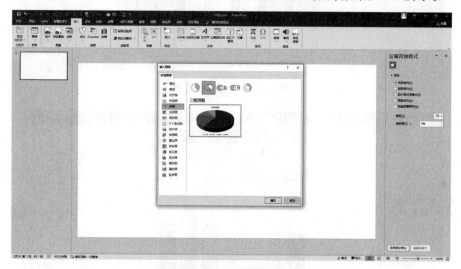

图 5-32 选择"三维饼图"样式

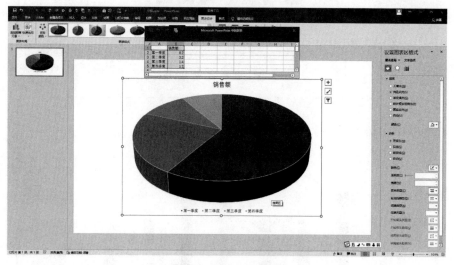

图 5-33 插入三维饼图

(2) 在 Excel 编辑窗口输入相关数据，如图 5-34 所示；添加图表标题，字体设为"方正粗雅宋"，字号设为"20"，调整后的图表如图 5-35 所示。

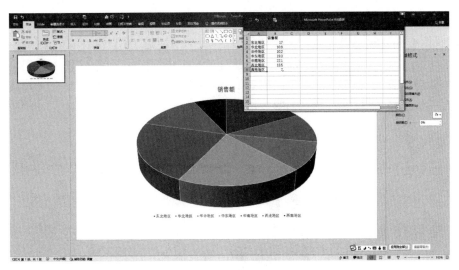

图 5-34　输入数据

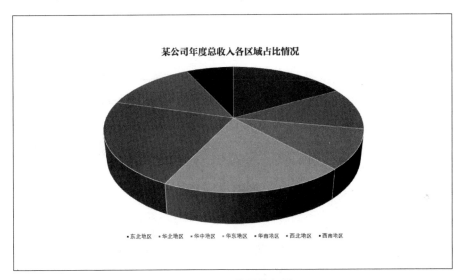

图 5-35　调整图表标题

5.2　图表美化，丰富呈现

系统默认的图表形式、色彩有时难以满足我们的需求，此时需要我们对原有的图表进一步调整美化，以利于更好地传达信息，突出重点。图表的美化主要从图表元素的优化、立体透视的设计两方面入手。设计制作中应以简洁明快、形象直观为基本原则。

5.2.1　基础知识

1. 图表元素美化

图表的元素有很多，比如图表标题、数据标签、数据序列、数据表、图例等，可以容纳的信息也很多,但并非所有元素都是我们需要的,有时候信息太多反而会影响内容的表达,影响数据的形象直观,因此,我们有必要对它们进行一些美化,从而达到服务主题、赏心悦目的效果。

如图 5-36 所示,反映的是某信息技术大学近两年社团数量变化情况,从图中我们可以看到,信息数据较多,信息量较大,且有不少重复信息,如图的底部有数据表,数据序列中又有数据标签,左侧还有坐标数据,都是表现同一个内容,显得多余。

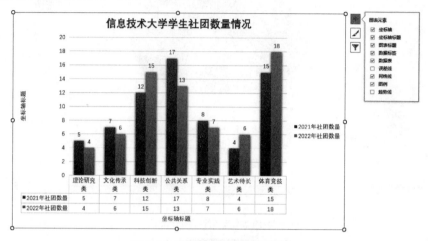

图 5-36　图表元素较多时的状态

(1) 单击选择该图表,单击图表右上角的加号图标 ，即图表元素按钮,在展开的选项中将"坐标轴标题""数据表"选项去除。此时画面干净清爽了不少,更有利于重点内容的展示,如图 5-37 所示。

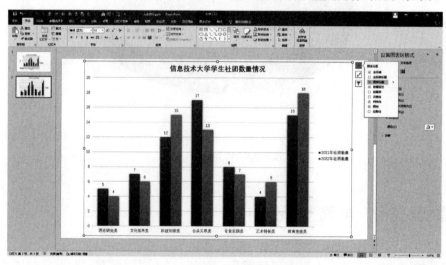

图 5-37　删除部分元素之后的效果

(2) 单击图表,单击图表右上角的画笔图标 ，即图表样式按钮,根据需要选择系统自带的样式,如图 5-38 所示,或者选择系统自带的颜色,如图 5-39 所示。

(3) 若系统没有与所需 PPT 风格一致的样式和色彩,也可以根据需要进行自定义设置。以色彩为例,单击图表序列(第一次单击为选择同一系列所有序列,第二次单击为选择单个序列),然后在右侧的"设置数据系列格式"窗格中,进行单色填充和渐变填充设置,效果分别如图 5-40、图 5-41 所示。

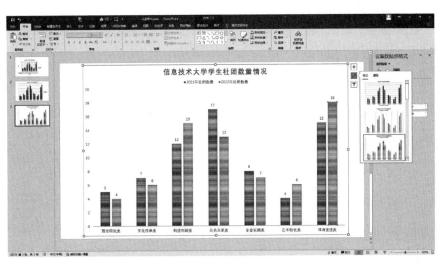

图 5-38 选择不同样式

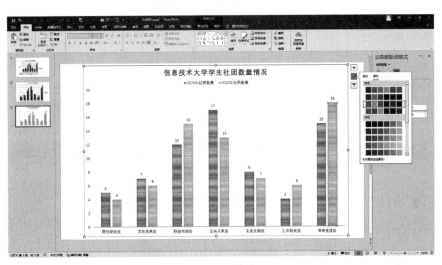

图 5-39 选择不同颜色

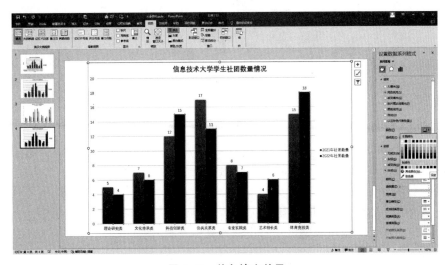

图 5-40 单色填充效果

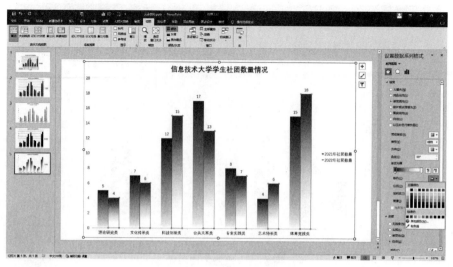

图 5-41　渐变颜色填充效果

2．三维图表美化

为让画面更具体空间和层次感,我们也可以选择三维立体图表。在实际运用中要注意同一个PPT 作品中图表的风格要相对统一,有整体感,不宜混搭使用。

(1) 右击该图表,在弹出的快捷菜单中选择"更改图表类型"命令,如图 5-42 所示;在弹出的"更改图表类型"对话框中,单击选择"柱形图"类型的"三维簇状柱形图"样式,如图 5-43 所示。

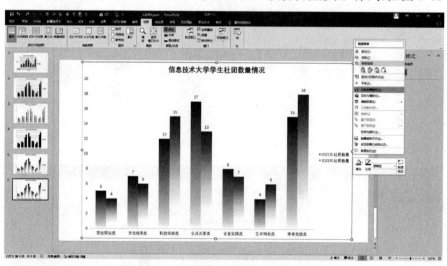

图 5-42　快捷菜单"更改图表类型"命令

(2) 在更改后生成的图表中进行相关设置,右击插入的图表,如图 5-44 所示,在弹出的快捷菜单中选择"设置数据系列格式"命令,然后在弹出的"设置数据系列格式"窗格中,设置"纯色填充",效果如图 5-45 所示。

(3) 在右侧的"设置数据系列格式"窗格中,依次单击"系列选项"→"柱体形状"→"完整棱锥"选项,效果如图 5-46 所示;也可根据需求自由选择其他形状,例如"部分棱锥"形状,效果如图 5-47所示。

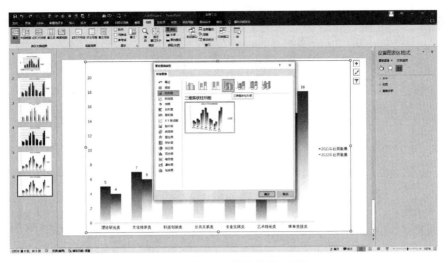

图 5-43　选择"三维簇状柱形图"

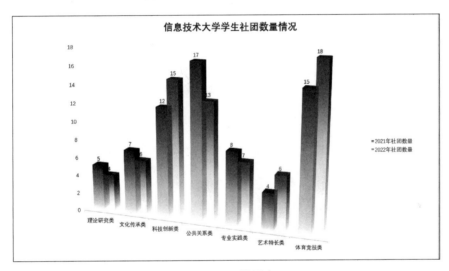

图 5-44　三维图表

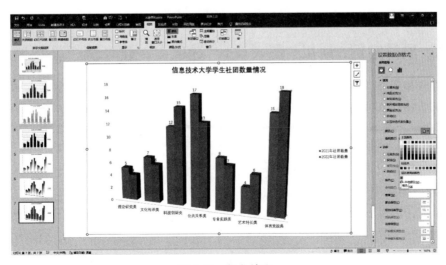

图 5-45　颜色填充

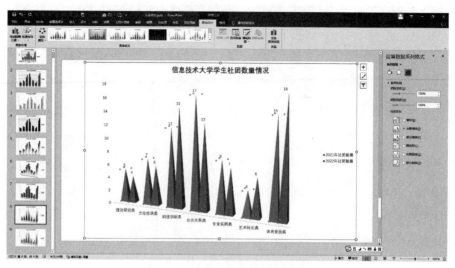

图 5-46 "完整棱锥"形状

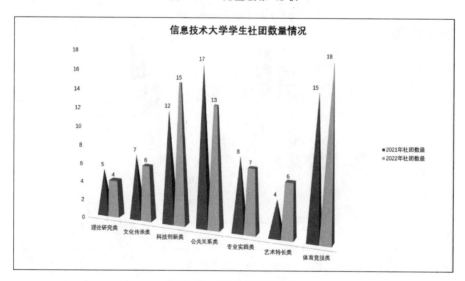

图 5-47 "部分棱锥"形状

5.2.2 项目案例:运用"图表设计"选项卡美化计算机使用情况统计图

掌握单位设施设备或场地的使用情况,对于提高使用效益有着极大的帮助。本案例展示如何形象直观地将数据用图表生动地展现出来。在基础知识中介绍了通过右侧"图表元素""图表样式"按钮进行美化。实际操作中,每一种效果可能都会有不同的方法实现,为让大家更全面掌握其要领,接下来将运用菜单栏中"图表设计"选项卡进行图表美化。具体步骤如下。

(1)打开一份 PPT 原稿,这是某学院图书馆自习室计算机使用情况 PPT 图表,图表为默认格式,重复元素较多,如图 5-48 所示。

(2)单击选择该图表,在"图表设计"选项卡中,有"添加图表元素""快速布局""更改颜色""编辑数据""更改图表类型"等功能按钮,如图 5-49 所示。

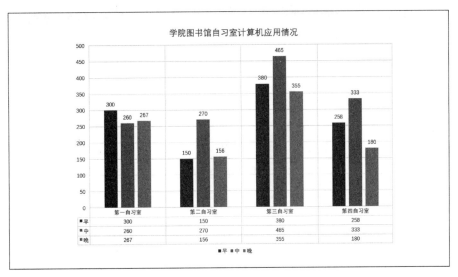

图 5-48　PPT 原稿

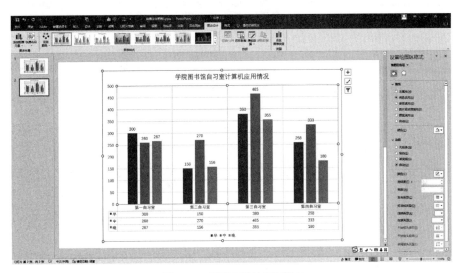

图 5-49　"图表设计"选项卡

（3）添加或删除元素，单击"添加图表元素"按钮，在展开的下拉列表中，单击"坐标轴"→"主要纵坐标轴"命令，"数据表"→"无"命令，"网格线"→"主轴主要垂直网格线"等选项，去除多余元素，让图表更清晰明快，效果如图 5-50 所示。同理，单击图表后，单击图表右上角"图表元素"按钮，在展开的"图表元素"选项中，去掉勾选，可以获得同样效果，如图 5-51 所示。

（4）对字体进行调整，单击选择图表标题，将字体设为"微软雅黑"，如图 5-52 所示，字体加粗，字号设为"20"，字体颜色设为标准色中的蓝色（#0070C0）；同样方法设置数据标签、水平类别、图例字体和颜色（为了色彩统一协调，此处数据标签字体色彩建议和数据序列色彩一致），调整后效果如图 5-53 所示。

（5）"快速布局""更改颜色""图表样式""更改图表类型"等选项的设置，分别如图 5-54～图 5-57 所示。

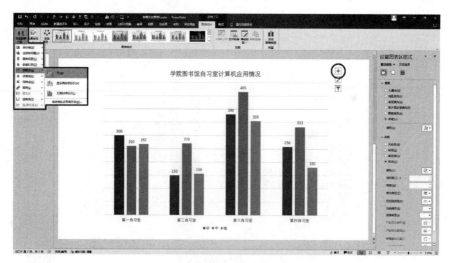

图 5-50 删除相关元素效果

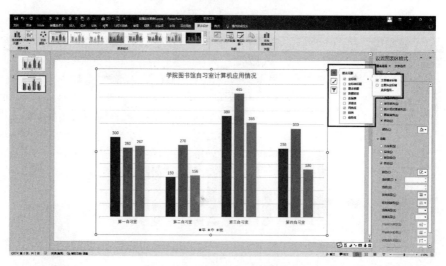

图 5-51 "图表元素"按钮操作

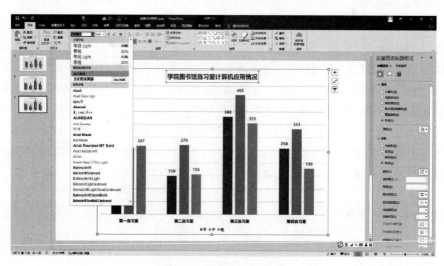

图 5-52 调整字体与颜色

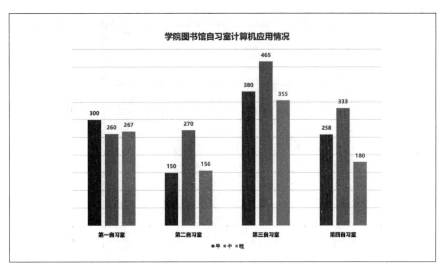

图 5-53　调整字体后的效果

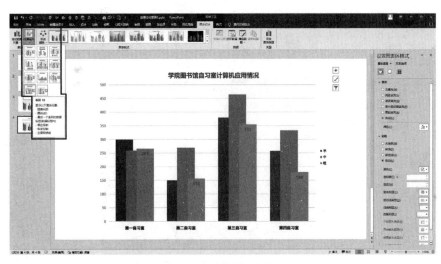

图 5-54　快速布局选项

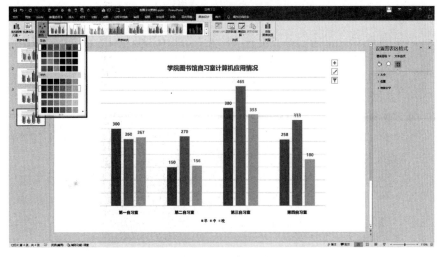

图 5-55　更改颜色选项

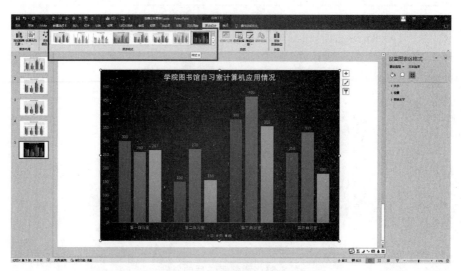

图 5-56　图表样式选项

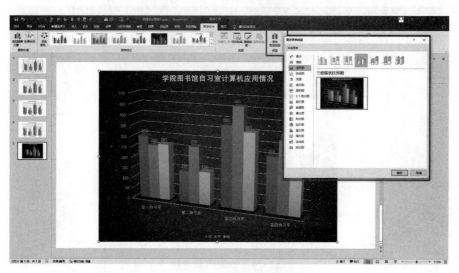

图 5-57　更改图表类型选项

5.2.3　项目案例：运用三维立体美化某公司年度销售额分布情况图

随着时代的发展及设计技术的不断进步,3D、4D,甚至5D等立体效果越来越多地应用于PPT设计制作当中,给人们带来更多更好更新的体验。本案例运用三维立体效果美化某汽车代理公司销售额图表,具体方法步骤如下。

(1) 打开一份PPT原稿,"某汽车代理公司年度销售额分布情况"图表为平面饼图,看上去不够精致、显得平淡,也缺少设计感和视觉冲击力,如图5-58所示。

(2) 右击该图表,在弹出的快捷菜单中选择"更改图表类型"命令,如图5-59所示。

(3) 在弹出的"更改图表类型"对话框中,单击选择"饼图"类型中的"三维饼图"样式,如图5-60所示,插入的三维饼图效果如图5-61所示。

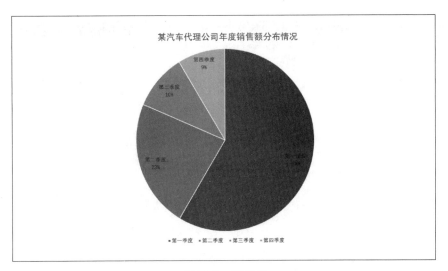

图 5-58　原图表

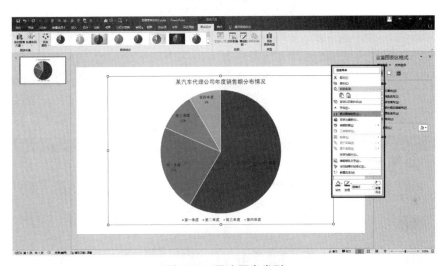

图 5-59　更改图表类型

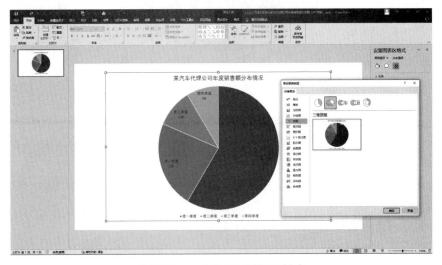

图 5-60　选择"三维饼图"样式

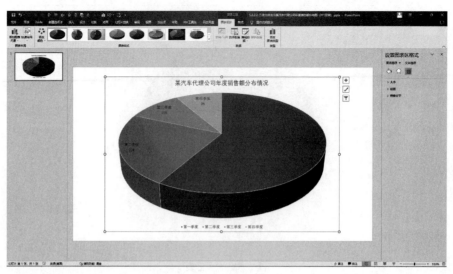

图 5-61　三维饼图默认效果

（4）饼图中白色线条显得生硬，运用图表默认选项调整。单击"图表设计"选项卡→"图表样式"功能区，从中选择"样式 8"，此时图表显得柔和圆润，如图 5-62 所示。

（5）对字体、数据标签位置进行适当调整。两次单击数据标签后，即可拖拽移动该数据标签的位置；为了让标签文字紧凑一些，此处标签行距设置为固定值"16 磅"，并将第一季度的数据进行了放大处理。完成的效果如图 5-63 所示。

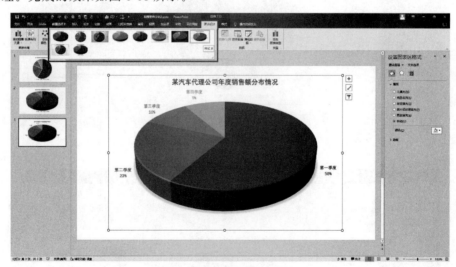

图 5-62　"样式 8"图表样式

（6）可以通过操作页面右侧的"设置数据点格式"窗格中的"填充"选项，对图表的颜色进行调整，既可以选择单色填充，也可以选择渐变填充，如图 5-64 所示。

（7）此外，还可以通过"设置数据点格式"面板中的"系列选项"，对图表"第一扇区起始角度"和"点分离"的参数进行设置，分别设为"14°"和"10％"，效果如图 5-65 所示。

（8）图表美化前后效果对比如图 5-66、图 5-67 所示。

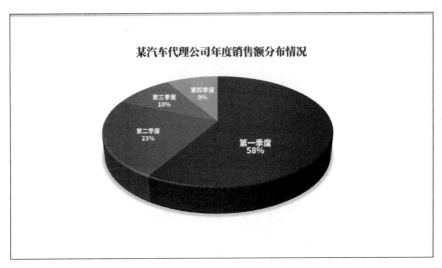

图 5-63 标签设置效果

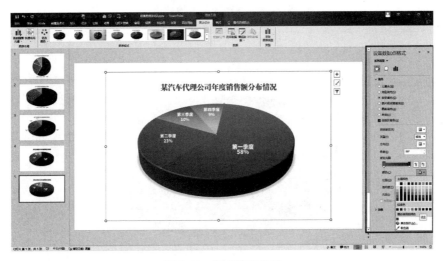

图 5-64 渐变填充效果

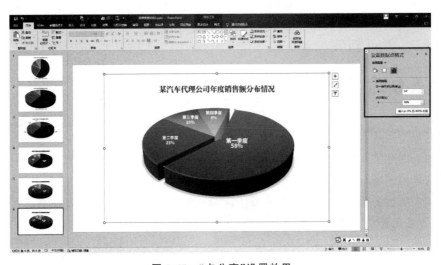

图 5-65 "点分离"设置效果

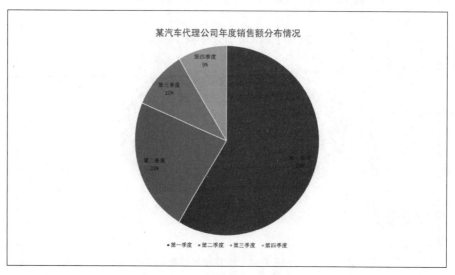

图 5-66　图表美化前的效果

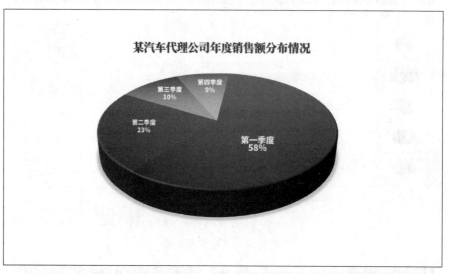

图 5-67　图表美化后的效果

5.3　图表创意，突显特色

　　在我们看到的图表中，序列和背景的填充大多为纯色和渐变填充，那我们是否可以把单纯的色彩填充调整为图片或小图标的填充呢？让不同的填充选项给人更加形象直观的感受。例如，以人数为统计对象的图表，我们可以填充人形小图标，背景也可以设置为天空、大海或其他场景，从而让图表更具观赏性和设计感。运用图片或图标填充，在选择相关图标时要注意图标或图片风格的一致性，切不可风格多变让人眼花缭乱，不利于观众的阅读。

5.3.1　基础知识

1. 图表的形象填充

形象填充主要是指图表序列填充时采用 PNG 图标、图片等素材填充序列,形象直观地表现各序列所要展示的内容,从而增强图表的观赏性和艺术性。

（1）打开一份 PPT,页面为一张"某电子信息平台使用人员情况"图表,双击该图表序列,在弹出的"设置数据点格式"窗格中,单击选择"填充与线条"选项页,单击选择"图片或纹理填充"选项,单击"图片源"下方的"插入"按钮,插入需要填充的图标,默认为"伸展"选项的效果如图 5-68 所示;将填充选项设为"层叠",效果如图 5-69 所示。

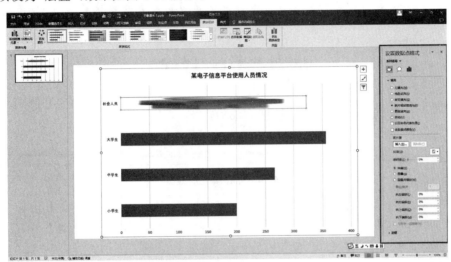

图 5-68　设置图标"伸展"选项的效果

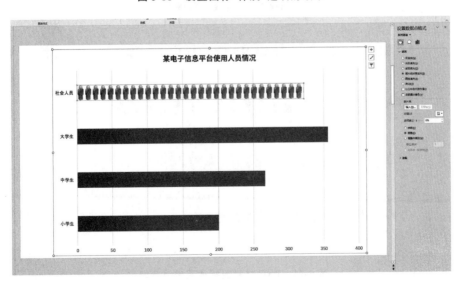

图 5-69　设置图标"层叠"选项的效果

（2）以同样方法设置其他几个类别(此处第一次单击序列为选中全部序列,第二次单击则为选中其中一个序列,在所有序列操作中均如此),我们看到图表中"大学生"类别中的图标间隔太大,显得不紧凑,这是由于 PNG 图标的透明区域过大所造成的,需要对图片进行裁剪后再填充,如图 5-70 所示。

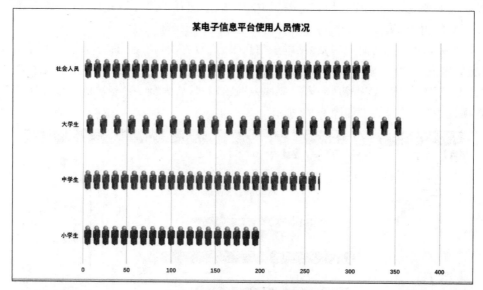

图 5-70 图标填充的效果

（3）为展示更多方法与效果,这里采用图片复制和粘贴的方法来操作。先将图标文件以图片方式插入到 PPT 页面中,然后运用 PPT 图片裁剪功能进行裁剪。我们对比两个 PNG 格式图标,发现下方的图标透明区域明显较大,需要进行处理,如图 5-71 所示。

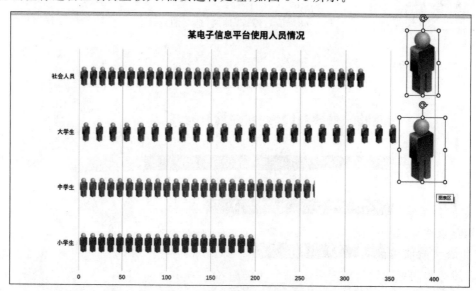

图 5-71 PNG 格式图标透明区域比较

（4）利用 PPT 的图片裁剪功能,对图片进行裁剪,裁剪掉多余的透明区域,效果如图 5-72 所示。

（5）双击图标,单击"图片格式"选项卡→"调整"功能区→"颜色"按钮,在弹出的下拉列表中,

选择"绿色,个性色6深色"选项,将该图标重新着色为绿色,形成与其他图标的对比效果,如图 5-73
所示。

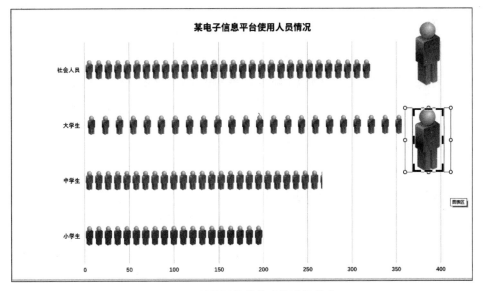

图 5-72　利用图片裁剪功能进行裁剪

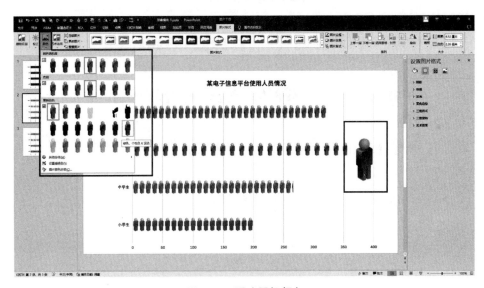

图 5-73　更改图标颜色

(6) 单击选择绿色图标,按 Ctrl+C 组合键,复制该图标,双击选择"大学生"数据系列,按 Ctrl+V
组合键,粘贴该图标,效果如图 5-74 所示。

(7) 删除之前插入的多余图标,增加数据标签,将字体设置为"微软雅黑",加粗,字号设为
"18",颜色设为与图标同样的颜色,调整后的效果如图 5-75 所示。

2. 图表的背景填充

图表的背景填充主要是对图表区域进行颜色或图片的填充,好的填充可以让图表更具空间层
次感,让画面更有场景意境,从而给人留下深刻印象和美的享受。

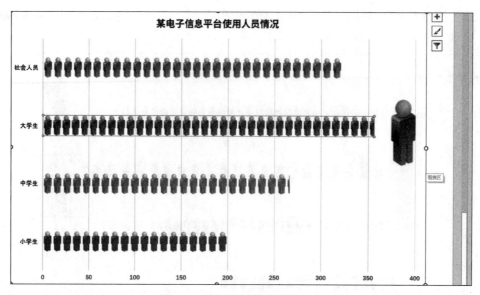

图 5-74 利用复制粘贴进行填充

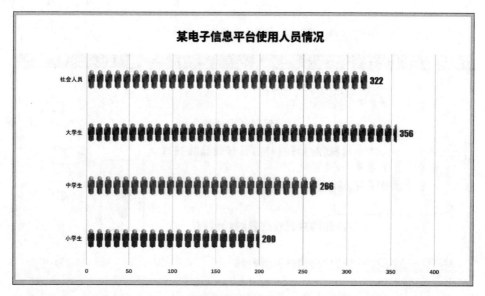

图 5-75 完成效果

(1) 图表背景的填充包括外部的图表区和内部的绘图区两个区域,如图 5-76 所示,两个区域可以填充不同的色彩和图片。

(2) 设置绘图区颜色渐变填充。双击图表的"绘图区",在弹出的"设置绘图区格式"窗格中,选择"填充与线条"选项页中的"渐变填充",渐变类型选为"线性",角度设为 90°,渐变光圈的停止点 1 的颜色设为白色,停止点 2 的颜色设为浅蓝色(♯A3E7FF),填充效果如图 5-77 所示。

(3) 设置图表区渐变填充。双击图表的"图表区",在弹出的"设置图表区格式"窗格中,选择"填充与线条"选项页中的"渐变填充",渐变类型设为"线性",角度设为 90°,渐变光圈的停止点 1 的颜色设为标准色中的蓝色(♯0070C0),停止点 2 的颜色设为标准色中的深蓝(♯002060),填充效果如图 5-78 所示。

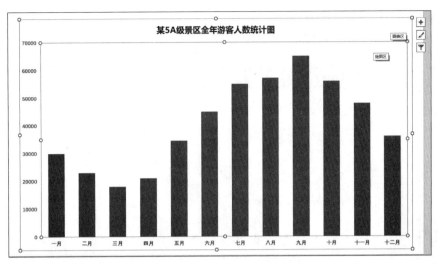

图 5-76　图表区（外）和绘图区（内）

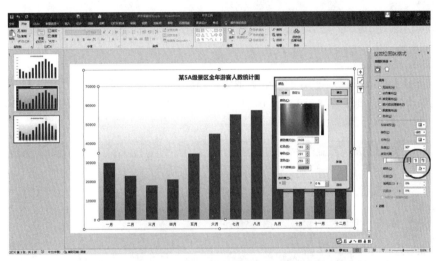

图 5-77　绘图区填充设置及效果

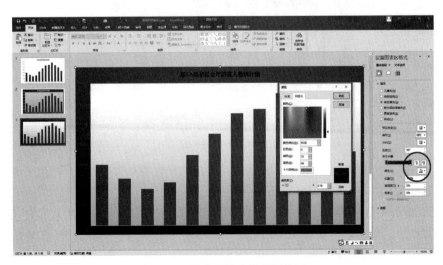

图 5-78　图表区填充设置及效果

（4）设置图表标题字体为"微软雅黑"，字号设为"20"，颜色为白色；设置坐标轴的数据颜色为标准色中的橙色（♯FFC000），字体设为"等线"，字号设为"12"，效果如图 5-79 所示。

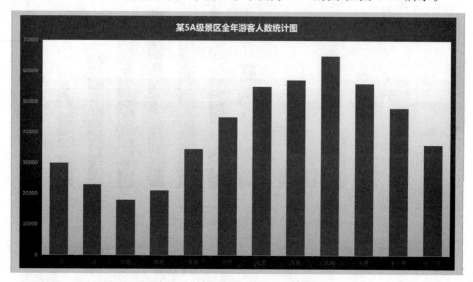

图 5-79　图表标题及坐标轴设置

（4）设置绘图区背景图片填充。双击"绘图区"，在弹出的"设置绘图区格式"窗格中，选择"填充与线条"选项页中的"图片或纹理填充"选项，然后单击"图片源"下方的"插入"按钮，选择一张油菜花海的图片插入进来，效果如图 5-80 所示。

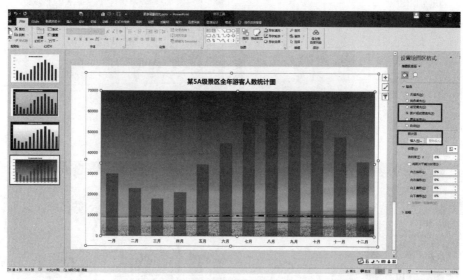

图 5-80　背景图片填充

（5）根据图片背景对系列数据和标题文字进行调整，将数据系列设置为"纯色填充"，填充颜色设为白色，透明度设为"36％"，效果如图 5-81 所示。

（6）将填充好的图表转换为三维柱状图表。右击该图表，在弹出的快捷菜单中，选择"更改图表类型"命令，如图 5-82 所示；在弹出的"更改图表类型"对话框中，单击选择"柱形图"中的"三维簇状柱形图"，如图 5-83 所示。

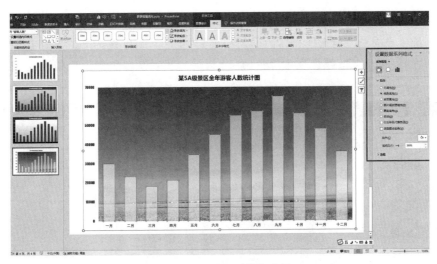

图 5-81　数据系列填充设置

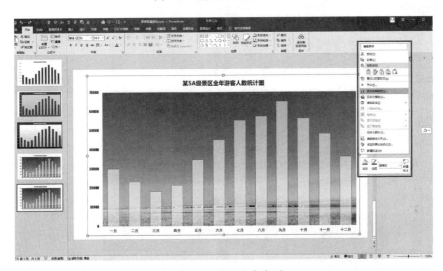

图 5-82　更改图表类型

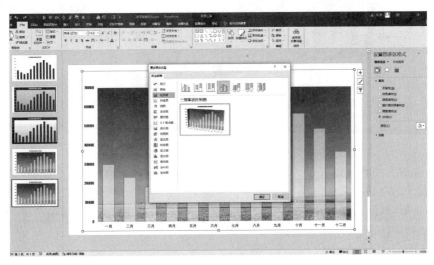

图 5-83　选择"三维簇状柱形图"

（7）设置图表柱状填充颜色。单击柱状数据系列，在"设置数据系列格式"窗格中，单击选择"填充与线条"选项页中的"渐变填充"，渐变类型选为"线性"，角度设为"90°"，渐变光圈的停止点 1 的颜色设为白色，停止点 2 的颜色设为橙色（♯FF6600），实现从白色到橙色的渐变，效果如图 5-84 所示。

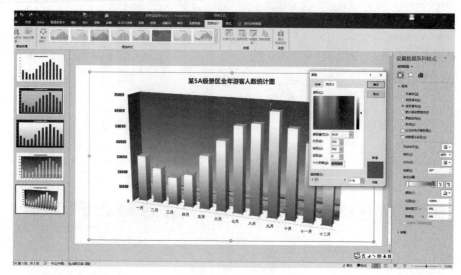

图 5-84　设置柱状渐变填充

（8）设置图表的基底填充。双击图表的基底，在弹出的"设置基底格式"窗格中，单击选择"填充与线条"选项页中的"纯色填充"，填充颜色设为标准色中的蓝色（♯0070C0），如图 5-85 所示。

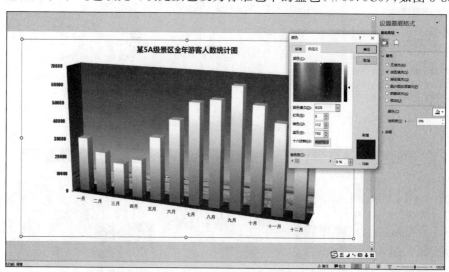

图 5-85　设置图表基底纯色填充

（9）双击该图表的背景墙区域，在弹出的"设置背景墙格式"窗格中，单击展开"效果"选项页，如图 5-86 所示。

（10）在"三维旋转"选项栏中，将 X 旋转设为"10°"，Y 旋转设为"0°"，透视设为"25°"，最后完成的效果如图 5-87 所示。

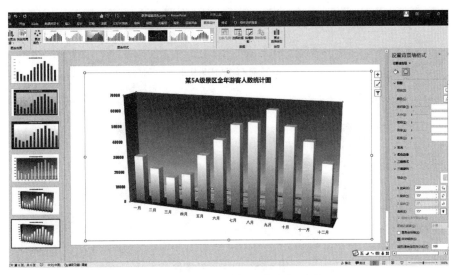

图 5-86 展开"设置背景墙格式"窗格

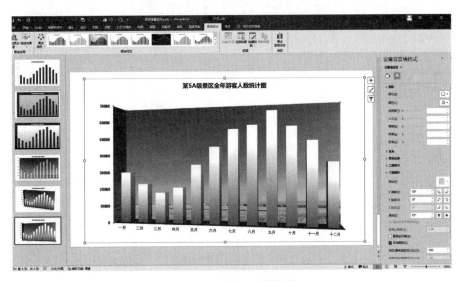

图 5-87 设置完成的效果

5.3.2 项目案例："某工程汽车制造公司销售情况表"柱形图形象填充

不同的图表对形象填充的要求是不一样的,并非所有图片都适合用形象填充的方法,柱形图和条形图对图标和图片的要求也不一样。本案例以"某工程汽车制造公司销售情况表"为例,对图表进行形象填充设置,具体操作步骤如下。

(1)打开一份 PPT 原稿,该页面中的图表色彩单一,缺乏美感,也无特色,如图 5-88 所示。

(2)单击图表右上角的加号图标,展开图表元素选项,去除勾选"网格线"选项,让图表更简洁,如图 5-89 所示。

(3)双击该图表的数据序列柱形,然后单击选择第一个序列柱形,在弹出的"设置数据点格式"窗格中,单击选择"填充与线条"选项页中的"图片或纹理填充"选项,单击"插入"按钮,插入一张运输车图标,选择"重叠"选项,此时我们发现图标空隙太大,过于松散,填充效果如图 5-90 所示。

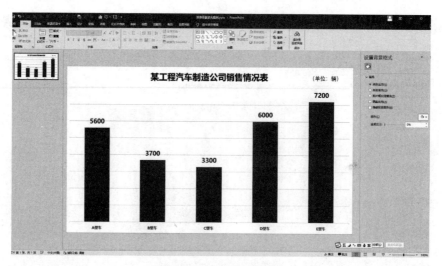

图 5-88　　PPT 原始图表

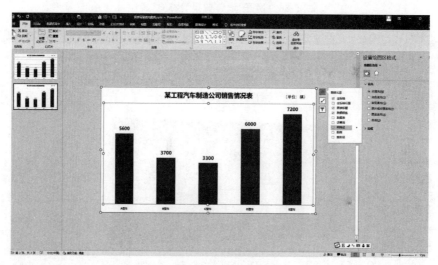

图 5-89　　去除网格线

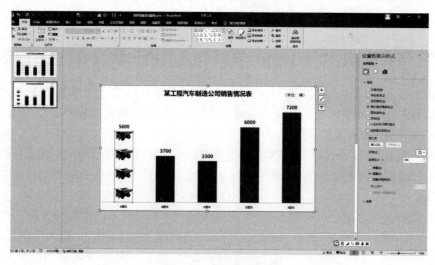

图 5-90　　插入所需图标

（4）将运输车图片插入到PPT页面中，利用裁剪功能对其进行裁剪，如图5-91所示。

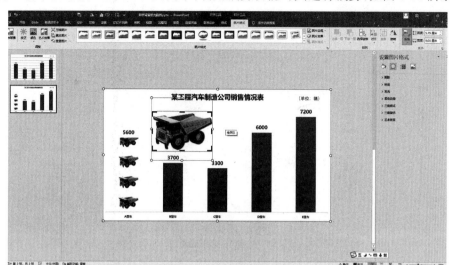

图5-91　裁切图标尺寸

（5）单击选择运输车图片，按Ctrl＋X快捷键，剪切裁切好的运输车图片，然后单击选择图表的第一个数据系列柱形，按Ctrl＋V快捷键，将运输车图片粘贴到该柱形中，作为图片填充。用同样方法依次设置其他序列柱形，完成的效果如图5-92所示。

图5-92　填充完成效果

（6）对标题及数据标签等文字进行格式设置。数据标签字体设为Impact，颜色设为标准色中的深红（♯C00000），字号设为"20"。图表标题字体设为"微软雅黑"，字号设为"32"，颜色设为黑色，如图5-93所示。

（7）插入两个矩形，形状轮廓设为"无轮廓"，利用取色器从车辆图片上单击选取形状填充颜色，该选取颜色为金色（♯E1B809），如图5-94所示；其中一个矩形作为图表标题的背景，另外一个矩形置于页面的底部，起着装饰作用，完成的效果如图5-95所示。

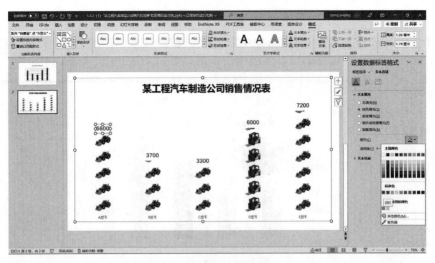

图 5-93 美化优化后效果

图 5-94 利用取色器单击图片取色

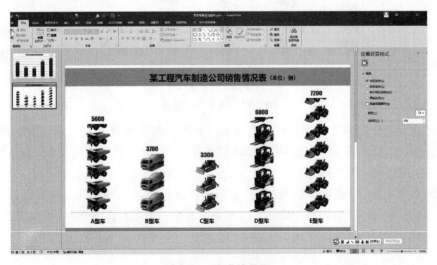

图 5-95 完成的效果

5.3.3 项目案例:"某航空公司季度航班情况统计"条形图表背景墙设置

背景墙的设置应与图表内容紧密切合、相得益彰。应注意尽量使用画面元素较少、清晰简洁的图片,避免与图表产生冲突,从而影响观众阅读。

(1)打开一份 PPT 原稿,该页面中图表使用系统默认的色彩搭配,显得较为杂乱,没有航空公司的行业特色,如图 5-96 所示。

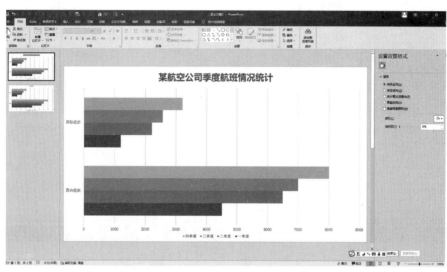

图 5-96 形象填充前效果

(2)单击图表,在"图表元素"选项中,去除网格线,让图表更简洁,如图 5-97 所示。

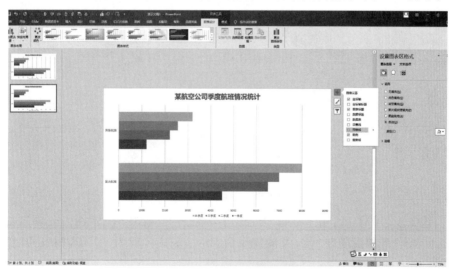

图 5-97 取消勾选"网格线"

(3)双击图表区,单击"图表设计"选项卡→"图表样式"功能区→"更改颜色"按钮,在弹出的下拉列表中,单击选择"单色"中的第 5 项,即"单色调色板 5,蓝色渐变,由深色到浅色",如图 5-98 所示。

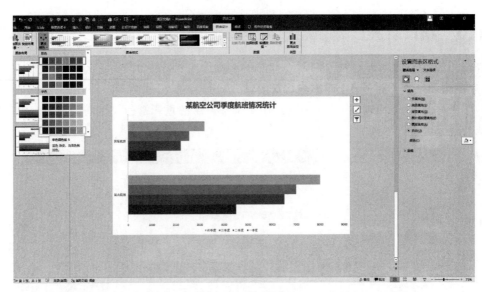

图 5-98　更改图表颜色

（4）右击该图表，在弹出的快捷菜单中，选择"更改图表类型"命令，在弹出的"更改图表类型"对话框中，单击选择"条形图"中的"三维簇状条形图"，如图 5-99 所示。

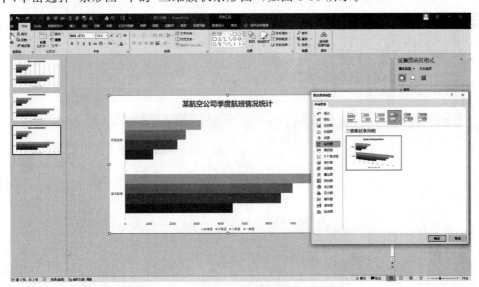

图 5-99　更改图表类型

（5）双击该图表的图表区，在弹出的"设置图表区格式"窗格中，单击"图表选项"中的"效果"选项页，单击展开设置"三维旋转"参数，X 旋转设为"40°"，Y 旋转设为"0°"，透视设为"15°"，效果如图 5-100 所示。

（6）双击图表背景墙区域，在弹出的"设置背景墙格式"窗格中，单击选择"图片或纹理填充"，插入一张蓝天白云图片作为背景墙，效果如图 5-101 所示。

（7）单击图表左侧基底区域，在"设置基底格式"窗格中，单击选择"纯色填充"，填充颜色设为标准色中的蓝色（♯0070C0），效果如图 5-102 所示。

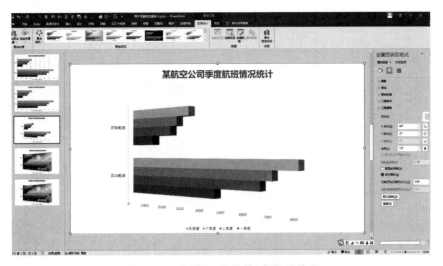

图 5-100 设置"三维旋转"参数后效果

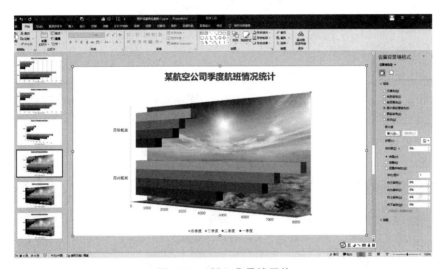

图 5-101 插入背景墙图片

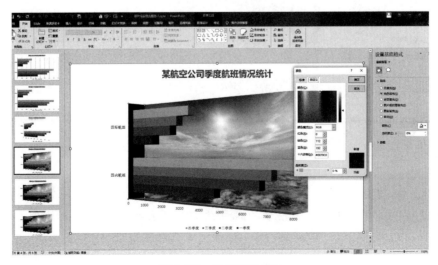

图 5-102 设置基底填充

（8）双击图表区，在弹出的"设置图表区格式"窗格中，单击选择"渐变填充"，渐变类型设为"线性"，角度设为"90°"，渐变光圈的停止点1的颜色设为蓝色（♯37CBFF），停止点2的颜色设为白色（♯FFFFFF），效果如图5-103所示。

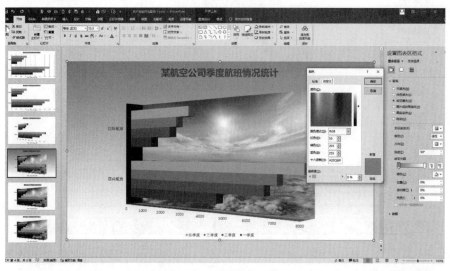

图 5-103　设置图表区渐变填充

（9）图表标题字体设为"微软雅黑"，加粗，添加文字阴影，字号设为"28"，颜色设为白色；坐标轴文字字体设为"等线"，字号设为"12"，其中纵坐标文字的颜色设为标准色中的深蓝色（♯002060），横坐标文字的颜色设为主题颜色下的"橙色，个性色2，深色25％"；这样使画面更和谐统一，效果如图5-104所示。

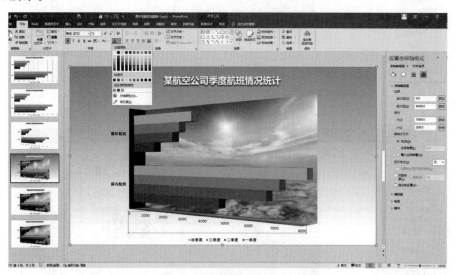

图 5-104　设置字体颜色

（10）插入一张PNG格式的飞机图片，置于蓝天白云的背景墙图片之上，让画面显得更加饱满。也可以在空白区域添加相关文字信息，但需要注意与图表透视关系一致，避免产生视觉混乱，插入飞机图片后的效果如图5-105所示。最后完成的浏览效果如图5-106所示。

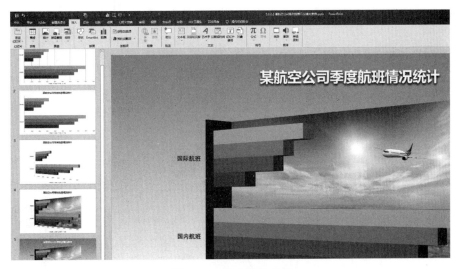

图 5-105　添加装饰元素

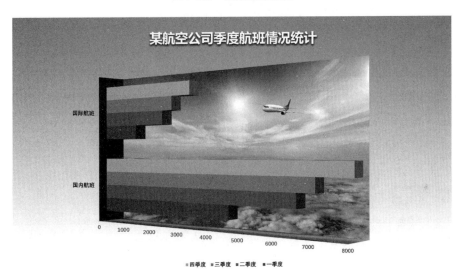

图 5-106　完成的效果

第6章

色 彩 搭 配

素材

本章概述

　　色彩的搭配在 PPT 设计制作当中有着独特的作用,好的色彩搭配既可以给人以美的享受,也可以更好地服务于主题,展示不同行业的个性。而色彩搭配不好,往往会给观众带来配色混乱、画面凌乱之感。在实际运用中,色彩搭配的基本原则是,一个画面主体的色彩应该控制在三种颜色之内,通过色相、明度、纯度的对比来丰富画面的色彩。

学习目标

1. 了解色彩的基本概念及"色彩三要素"。
2. 了解不同色彩的基本属性。
3. 掌握 PPT 主题内容与色彩运用。
4. 掌握行业 PPT 特点与色彩运用。

学习重难点

1. 色彩的三要素。
2. 不同主题色彩的运用。
3. 色彩的色相、明度、纯度对比与运用。

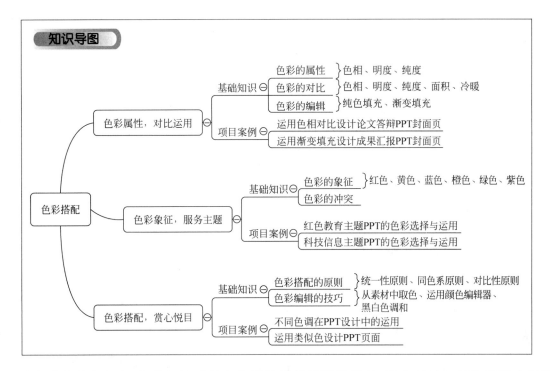

在很多人的印象中,色彩知识只是专业的设计师需要掌握的,没有经过专门培训很难把握。其实不然,我们在日常的工作生活中经常会遇到色彩搭配问题,比如穿衣戴帽、房间布置、插花设计等,我们都会考虑多个对象之间的色彩关系,每个人也都会有自己对色彩的理解和偏爱,这其实就是我们用到的色彩知识。PPT 设计作品中,有的 PPT 色彩清新明快,给人以赏心悦目之感,而有的脏乱灰暗,给人以压抑沉闷之感。由此可见,色彩在 PPT 设计中是极其重要的一部分。PPT 色彩设计需要把握的基本原则是:清新明快、赏心悦目,确定基调、色不过三,邻近和谐、过渡自然,对比色调、黑白调和。

本章将通过不同案例讲解色彩的属性、色彩的对比、色彩的象征与冲突、色彩搭配原则与技巧等内容,使读者掌握选色和配色方法,灵活运用不同色彩所表现的主题,提升色彩的应用能力,进而提高 PPT 作品的整体品质。

6.1 色彩属性,对比运用

色彩的属性主要是指色彩的三个要素,包括色相、明度和纯度,不同的颜色有不同的属性,实际应用中,通过色相、明度和纯度的对比可以让画面更加丰富,主题更加突出。

6.1.1 基础知识

1. 色彩的属性

(1)色相。色相是指色彩的相貌,能够清楚表示某种颜色的名称,是色彩的首要特征,是区别各种不同色彩的最准确的标准。比如我们常说的蓝天、白云、绿地、红旗,这里的"蓝、白、绿、红"就是色相,不同颜色的色相不同,颜色所含成分越多,色彩的色相就越不明显。

颜料的色彩混合搭配,遵循减色原理,其三原色是红、黄、蓝,运用这三种原色的不同配比能得到各种不同的色彩来绘制图画。

光色的色彩混合搭配,遵循加色原理,其三原色是红、绿、蓝,这三种原色两两混合会得到更明亮的颜色,如果三种原色等量混合,会得到白色。

利用加色原理和减色原理在等比例条件下相互配对所形成的颜色,如图 6-1 所示。计算机的各类图像处理软件的颜色处理按照加色原理进行,PPT 的配色设计也是按照加色原理进行的。加色原理和减色原理的颜色混合如下:

加色原理:红+绿=黄,绿+蓝=青,蓝+红=品红,红+绿+蓝=白。

减色原理:品红+黄=红;黄+青=绿,青+品红=蓝,蓝+红+绿=黑。

互补色配对。互补色是指色彩搭配在色环上成 180 度相对应的一对颜色,所以一个颜色的互补色只有一种配色方案。例如,红色 RGB(255,0,0)和青色 RGB(0,255,255)是一对互补色,两者混合成白色 RGB(255,255,255),如图 6-2 所示。

色相环。十二色相环是由原色、二次色和三次色组合而成。色相环中的三原色是红、绿、蓝色,在环中形成一个等边三角形。二次色是黄、青、品红色,处在三原色之间,形成另一个等边三角形。井然有序的色相环让使用的人能清楚地看出色彩平衡、调和后的结果,体现着色相和明度变化,如图 6-3 所示。

图 6-1　色彩三原色

图 6-2　互补色配对

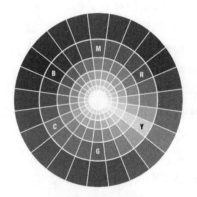

图 6-3　色相环

(2) 明度。明度指色彩的明亮程度,不同颜色的明度是不一样的。我们购买 12 色或 24 色水粉颜料时,也会看到,它们是按照颜色的明度进行排列的,由左至右明度由高到低。24 色色谱如图 6-4 所示。同一种颜色,加入白色越多,明度越高,相反,加入黑色越多,明度则越低。其实,对同一种颜色而言,提高明度,纯度也就随之降低,如图 6-5 所示。

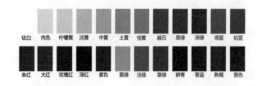

图 6-4　24 色色谱

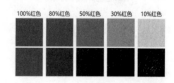

图 6-5　同种色的明度变化

（3）纯度。纯度指色彩的饱和度。饱和度高,则色彩轻快活泼、鲜艳明亮、强劲有力,但处理不好也会让人感到单调刺眼。饱和度低,则色彩淡雅柔和、厚重沉稳,但若是处理不当,则易产生脏旧压抑之感。在实际运用中,需要根据不同的主题来调整PPT整体的色彩风格。PPT"图片格式"选项卡的"调整"功能区中有"颜色"按钮,可以调整图片的颜色饱和度。色彩饱和度分别为100%和33%的一张风景图片,如图6-6、图6-7所示。一张色彩饱和度高的图片,如图6-8所示,当它的饱和度调整为0%时,则变成黑白图片,如图6-9所示。

图6-6　色彩饱和度为100%

图6-7　色彩饱和度为33%

图6-8　色彩饱和度高

图6-9　色彩饱和度为0%

2. 色彩的对比

通过对比可以使色彩更加鲜艳夺目、服务主题。我们平时看到有些 PPT 投影出来看不清楚，或者是颜色太刺眼，大都是因为色彩的对比没有把握好，要么是对比太弱看不清，要么是对比太强起冲突。色彩的对比主要有色相、明度、纯度、面积、冷暖等。

（1）色相对比。即两种纯色的对比，如色相环上红与黄、黄与绿、绿与蓝、红与蓝等。两种纯色等量并列，色彩相对显得更为强烈。我国各民族的服饰、年画、剪纸、建筑装饰，以及现代绘画诸流派，都使用对比强烈的色相，形成鲜明突出的色彩对比，产生美的效果。在 PPT 设计中，色相对比的画面往往会给人以简洁大方、严肃庄重之感，如图 6-10、图 6-11 所示。

图 6-10　红黄色相对比效果

图 6-11　黄蓝色相对比效果

色相对比中并非所有颜色搭配在一起都能给人和谐之感，如红与蓝、红与绿等色彩搭配便会产生较为强烈的冲突，造成视觉上的不舒服，如图 6-12 所示；此时需要通过白色进行调和，如图 6-13 所示。

图 6-12　红蓝对比的效果

图 6-13　白色调和的效果

（2）明度对比。明度对比是色彩的明暗程度的对比，主要指的是黑、白、灰的层次关系。包括同一种色彩不同明度的对比和不同色彩明度的对比。色彩的搭配必须有明度对比，对比要有强有弱，以增加色彩的层次和节奏感。通过明度的对比让亮的颜色更加鲜艳，暗的颜色则更为沉稳。PPT 设计中，我们往往会将明度高的颜色置于明度低的颜色之中，从而产生强烈的对比效果来突出主题。例如，用明度高的颜色作背景，图案或文字则选择明度低的颜色。但如果处理不好，则会出现对比太弱，不易识别的现象，如图 6-14 所示；修改文字颜色，增加文字与背景的颜色明度对比，处理后的效果如图 6-15 所示。

（3）纯度对比。用纯度较低的颜色与纯度较高的颜色搭配在一起，可以达到"以灰衬鲜"的效果，使鲜艳的更为鲜艳。以灰色调为主的画面，可以局部采用纯度高的颜色来突出主题，强调重点。用纯度较低的画面作为背景，用纯度高的颜色做标题字，例如一份以黑色为背景颜色的 PPT，标题文字颜色采用纯度较高的橙色，标题变得醒目突出，如图 6-16 所示；一份以灰色为背景颜色的 PPT，标题和正文文字颜色采用红色和深红，可使文本内容成为视觉焦点，如图 6-17 所示。

图 6-14　明度对比太弱不易阅读

图 6-15　明度对比强烈清晰易读

图 6-16　纯度对比效果一

图 6-17　纯度对比效果二

（4）面积对比。为了提高画面色彩的对比效果,可采取色彩面积大小不同的对比。两种颜色面积大小悬殊,会产生"万绿丛中一点红"的效果,"一点红"可以起到很好的点缀效果。两种颜色面积相等,则容易产生强烈冲突感,例如对抗竞赛一类的 PPT 可以采用面积大致相等的红蓝两种颜色。PPT 设计中用的更多的则是主色调(70%左右)与辅助色一起搭配,如图 6-18、图 6-19 所示。

图 6-18　蓝色为主、橙色点缀效果

图 6-19　红橙色为主、蓝色点缀效果

（5）冷暖对比。色彩是会让人产生冷暖感觉的,如看到红、黄、橙等颜色容易让人联想到火、太阳等事物,从而心理上产生温暖的感觉,而看到蓝、绿等颜色时则容易联想到天空、大海和树木,从而产生凉爽之感。在 PPT 设计中,应根据主题内容进行色彩的选择,节庆日 PPT 宜选择红、黄等暖色调进行设计,而科技、军事主题 PPT 则宜选择冷色调来设计。如果当前为寒冷的冬天,选择暖色调则可以让人倍感温暖,如图 6-20 所示;如果为炎热的夏天,选择冷色调能给人凉爽之感,如图 6-21 所示。

图 6-20　暖色调气氛热烈

图 6-21　冷色调气氛清凉

3. 色彩的编辑

PPT色彩的编辑主要用于两个方面,一是字体和形状的填充及描边,包括纯色和渐变填充两个方面;二是对图片色彩进行编辑,包括饱和度、色调和重新着色三个方面。

(1) 纯色填充。纯色填充较为常用,也比较容易掌握,使用纯色填充时建议多用系统默认的颜色,这些颜色都是经过设计师反复试用确定的经典颜色,可以满足大多数设计的需求。

幻灯片背景颜色设置。右击幻灯片背景,在快捷菜单中选择"设置背景格式",在弹出的"设置背景格式"窗格中,单击选择"填充"中的"纯色填充"选项,单击颜料桶图标,选择标准色中的蓝色(♯0070C0),如图6-22所示。如果想用其他颜色,则单击选择"其他颜色"命令,在弹出的"颜色"对话框中选择"标准"选项页中自己所需的颜色,然后单击"确定"按钮即可,如图6-23所示。

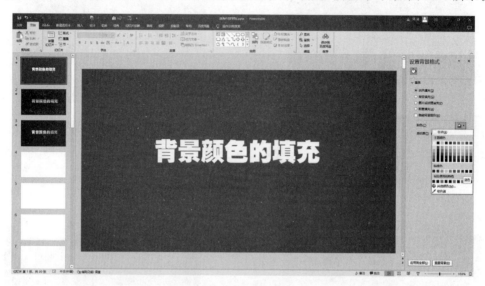

图 6-22 纯色填充

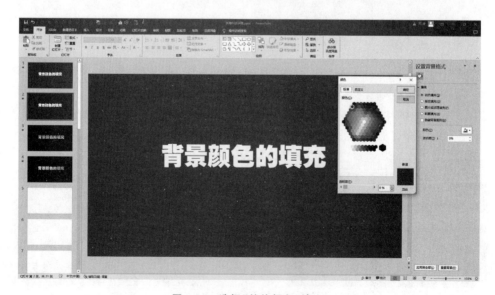

图 6-23 选择"其他颜色"填充

在"颜色"对话框中选择"自定义"选项页,可以对所选颜色的基本数据(颜色模式、红绿蓝色数值、十六进制代码、透明度等)进行查看和设置。在 RGB 颜色模式下,可以上下拖动颜色游标卡尺对颜色的明度进行设置,如图 6-24 所示;切换颜色模式到"HSL",可以看到亮度为"35"(原为 51),在"颜色"对话框右下角可以看到设置前后的两种颜色,如图 6-25 所示。

图 6-24　RGB 颜色模式调整明度

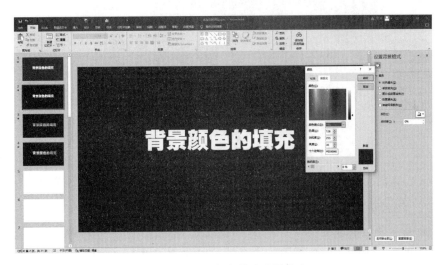

图 6-25　HSL 颜色模式查看亮度

(2) 渐变填充。为了让画面更具空间和层次感,可以选择渐变填充选项。渐变填充的颜色建议选择色相、明度和纯度相近的颜色,这样做出来的渐变色彩和谐统一、过渡自然。

字体颜色的设置。单击选择文本框,然后单击选择"开始"选项卡→"字体"功能区→"字体颜色"按钮,进行颜色的设置,此处字体颜色只能设置纯色填充,如图 6-26 所示。

右击该文本框,在弹出的快捷菜单中选择"设置形状格式"命令,在"设置形状格式"窗格中,单击选择"文本选项"下的"文本填充与轮廓"选项页,选择"渐变填充",类型选为"线性",角度设为"90°",停止点 1 的颜色设为青色(♯00D0CB)、停止点 2 的颜色设为白色(♯FFFFFF),效果如图 6-27 所示。

图 6-26 设置纯色填充的字体颜色

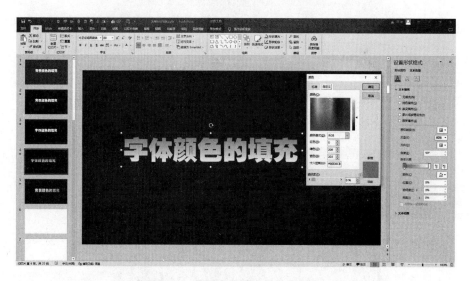

图 6-27 设置渐变填充的字体颜色

还可以使用系统预设的渐变效果。单击"预设渐变"向下箭头,在弹出的样式中选择所需渐变样式。此处选择的预设渐变为第2行第4个样式,即"顶部聚光灯—个性色4",效果如图6-28所示。此外,还可以设置类型、方向和角度,渐变色的比例也可以通过添加和删除停止点来设置,如图6-29所示。

形状颜色的填充。纯色填充:右击该文本框,在弹出的快捷菜单中选择"设置形状格式"命令,在"设置形状格式"窗格中,单击"形状选项"下的"填充与线条"选项页,单击选择"纯色填充",选择所需颜色即可,效果如图6-30所示。渐变填充:与纯色填充类似,单击选择"渐变填充",类型选为"线性",角度设为"90°",停止点1的颜色设为青绿色(♯00B0F0),停止点2的颜色设为深蓝色(♯002060),效果如图6-31所示。

图 6-28　预设渐变效果

图 6-29　改变类型、方向及角度

图 6-30　形状纯色填充效果

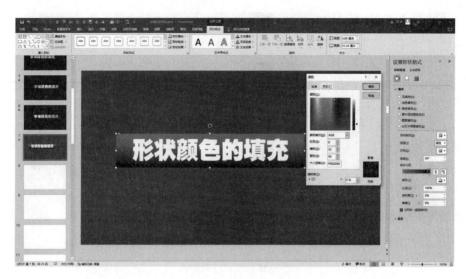

图 6-31　形状渐变填充效果

6.1.2　项目案例：运用色相对比设计论文答辩 PPT 封面页

本案例采用蓝色作为主色调，设计一份论文答辩 PPT 封面页。页面整体采用蓝色调，但同时将部分文字和线条设为橙色，这是对比色的应用，目的是适当改善较为单一色调的整体氛围，具体步骤如下。

（1）在 PPT 页面中插入一个矩形，形状轮廓选择"无轮廓"，形状填充颜色设为蓝色（♯0070C0），如图 6-32 所示。将其复制一份，放置到页面下方，调整至合适大小。插入一张校徽图片，置于上面的蓝色矩形的中心位置；插入一个文本框，输入主标题文字，字体设为"方正粗宋简体"，字号设为"48"，颜色设为深蓝色（♯1F4E79）；再插入一个文本框，输入单位名称及汇报人姓名，字体设为"微软雅黑"，字号设为"24"，颜色设为橙色（♯C55A11），如图 6-33 所示。

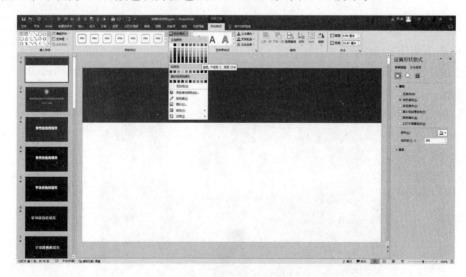

图 6-32　矩形蓝色填充

（2）插入两根直线，分别置于两个蓝色矩形的下边和上边，形状轮廓的粗细设为"6磅"，线条颜色设为橙色（♯F4B183），该颜色与作者姓名颜色相近，让画面层次更加丰富，效果如图6-34所示。

（3）修改矩形、直线及主标题文字颜色，分别应用橙色（♯C55A11）、黄色（♯FFD966）、深红色（♯C00000）进行色彩搭配，相近色设计使得PPT页面成为暖色调，效果如图6-35所示。

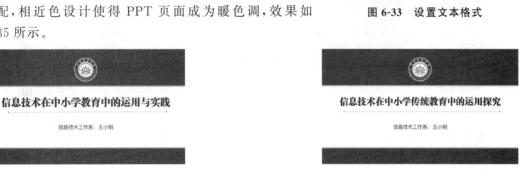

图 6-33　设置文本格式

图 6-34　蓝、橙色应用　　　　　　　图 6-35　黄、橙、红色应用

本案例应用了对比色设计和相近色设计，打破了单一色调的单调氛围，但整体色调还是趋于一种稳定的色调，或者是冷色调蓝色，或者是暖色调橙红色。此外，应用PPT提供的主题颜色样式，还能够快速地统一设置整体页面的元素颜色，前提条件是该元素必须使用系统提供的主题颜色，如果是自设的颜色，则不会有统一置换颜色的效果。

6.1.3　项目案例：运用渐变填充制作成果汇报PPT封面页

渐变填充改善了文本或形状单一的纯色填充，丰富了视觉效果，也可以用于PPT页面背景设置。本案例设计了人员信息管理系统成果汇报PPT封面页，具体操作步骤如下：

（1）插入一个矩形，右击该矩形，在弹出的快捷菜单中选择"设置形状格式"命令，在"设置形状格式"窗格中，在"形状选项"下的"填充和线条"选项页中，单击"渐变填充"选项，在"渐变光圈"中设置停止点1和停止点2的颜色分别设为浅蓝色（♯00B0F0）和深蓝色（♯002060），角度设为"90°"，效果如图6-36所示。

（2）插入一个文本框，输入文字"人员信息管理系统成果汇报"，在"设置形状格式"窗格中，在"文本选项"的"文本填充与轮廓"选项页中，将文本填充设为"渐变填充"，类型设为"线性"，角度设为"90°"，停止点1的颜色设为白色（♯FFFFFF）、停止点2的颜色设为浅蓝色（♯00B0F0），效果如图6-37所示。

（3）同样方法设置学院的中英文名称和汇报人单位姓名的文字为"渐变填充"，效果如图6-38所示。

（4）将蓝色调改为橙色调，主色调为橙色（♯F4B183），效果如图6-39所示。

本案例应用渐变填充文字和矩形，使之呈现较好的立体视觉效果，这种明度和饱和度上的调和，能够使得页面整体较为统一，但同时也会让页面稍显单调乏味。具体采用哪一种色调，应当根据PPT的主题和行业特点来进行设计，不能照搬照抄，依葫芦画瓢，否则起不到视觉传达设计的效果。

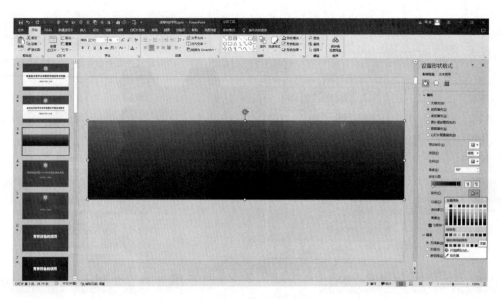

图 6-36　形状渐变填充

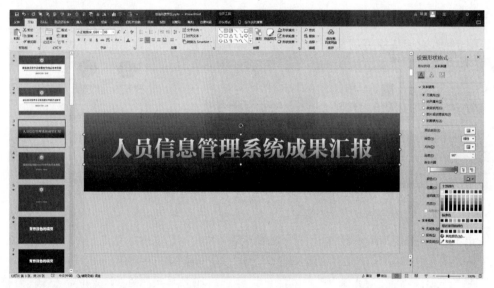

图 6-37　标题渐变填充

图 6-38　设置其他文字渐变效果

图 6-39　调整为橙色渐变效果

6.2 色彩象征,服务主题

色彩在不同的环境中会给人不同的感受,同一种色彩在不同的氛围里产生的效果也是不一样的,但色彩也有其规律性,特别是 PPT 设计中应用色彩,不同主题和内容的 PPT 需要选择与它相匹配的色彩。例如,红黄色调常用于党政主题的 PPT,蓝色和青色常用于科技主题的 PPT,绿色常用于环保主题的 PPT。

6.2.1 基础知识

1. 色彩的象征

我们看到不同的色彩,往往会产生不同的联想,如看到红色会联想到火、太阳等,看到蓝色则会联想到天空和大海,因此在设计时需要表现火热和阳光便会用到红色,需要表现与天空和大海有关的场景时则会用到蓝色。

(1) 红色。红色是三原色之一,是我们最为常见和常用的颜色,给人以革命的、积极的、热情的、充满力量的感觉。红色总是与鲜血、太阳、火焰等联系在一起,设计中常以红色表示热烈、吉祥、喜庆和乐观的寓意。当然,红色也有其特殊的一面,在一定的环境中又表示危险和警告。设计时,多用于党政、思政及节庆 PPT 中。采用红色作为主色调的两页党课 PPT 页面,如图 6-40、图 6-41 所示。

图 6-40　红色主题设计一　　　　　　图 6-41　红色主题设计二

(2) 黄色。黄色给人轻松明快、充满希望和活力的感觉。常与金星、太阳、光芒联系在一起,设计中常以黄颜色代表光明和希望之意。黄色多与红色搭配使用,使用频率较高,但面积往往比较小,主要起到点缀效果。设计时,多用于党政、表彰奖励、儿童品牌、美食、运动、警示等主题 PPT 中。例如,两页主题教育 PPT 采用黄色作为主标题颜色,标题突出醒目,如图 6-42、图 6-43 所示。

图 6-42　金黄色与红色搭配一　　　　　图 6-43　金黄色与红色搭配二

（3）蓝色。蓝色给人以清新时尚、空灵通透和宁静沉稳的感觉。常与星空、大海、宇宙科技联系在一起，设计中常以蓝色表现信息技术、科学研究、医疗卫生等主题。例如，一份介绍南昌历史文化的 PPT 页面采用蓝色作为主色调，蓝色背景与风景图片自然交融，如图 6-44 所示；一份介绍数字经济产业的 PPT 页面采用蓝色作为主色调，呈现出数字经济产业的科技感和创新性，如图 6-45 所示。

图 6-44　蓝色主题设计一

图 6-45　蓝色主题设计二

（4）橙色。橙色是介于红色与黄色之间的一种颜色，较为柔和自然，设计中多用于表现温馨阳光的生活主题。例如，一份介绍脐橙的 PPT 封面页采用橙色为主色调，与脐橙的主题贴合，如图 6-46 所示；一份介绍蜜糖的 PPT 页面突出了橙色为主的暖色调，如图 6-47 所示。

图 6-46　橙色主题设计一

图 6-47　橙色主题设计二

（5）绿色。绿色是生命的原色，象征着平静与安全，通常被用来表示生命及生长，代表健康、活力和对美好未来的追求。绿色是春天的色彩，同时也代表青春、希望与快乐。设计中多用于表现环境美化绿化、健康绿色食品、军事主题等。例如，一份介绍绿竹的 PPT 页面，采用绿色作为主色调，寓意生命的成长，如图 6-48 所示；一份介绍绿色建筑产业的 PPT 页面，以墨绿、青绿作为主色调，突出了绿色建筑产业的主题，如图 6-49 所示。

图 6-48　绿色主题设计一

图 6-49　绿色主题设计二

（6）紫色。紫色是高贵神秘的颜色，略带忧郁，鲜亮的紫色往往受到女性的偏爱，代表高贵、神秘和神圣。设计中多用于表现与女性、婚姻、爱情相关的主题。例如，一份以紫色作为 PPT 主标题色调的页面如图 6-50 所示；一份以女性为主题的 PPT 采用紫色作为标题文字颜色，如图 6-51 所示。

图 6-50　紫色主题设计一

图 6-51　紫色主题设计二

2. 色彩的冲突

好的色彩搭配能让人赏心悦目,反之则引起视觉和心理上的不舒服,也就是我们常说色彩搭配上有冲突。从色相环上我们可以清晰地看到,在色相环中两个位置相近的颜色往往给人以自然和谐之感,色相环色彩的顺序为红、橙、黄、绿、青、蓝、紫,如图 6-52 所示。

色彩搭配时应避免两个相对的颜色(如红与绿、红与蓝、绿与紫等)进行搭配,以免产生强烈的冲突感。

例如,紫色与绿色的搭配给人视觉上造成强烈冲突,在人们印象中色相环两两相对的色彩对比度高,且都很鲜艳,搭配在一起应该会很好看,实则不然,如图 6-53 所示;如果改成紫色调为主色调,则效果和谐统一,如图 6-54 所示。红色与绿色的搭配也形成强烈的反差,如图 6-55 所示;如果改成绿色调为主色调,效果更好,如图 6-56 所示。

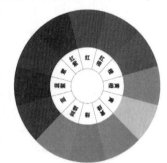

图 6-52　色相环

图 6-53　紫色与绿色搭配产生冲突

图 6-54　紫色渐变色彩和谐统一

图 6-55　红色与绿色搭配产生冲突

图 6-56　绿色渐变色彩和谐统一

6.2.2　项目案例:红色教育主题 PPT 的色彩选择与运用

在日常的 PPT 设计中,红色可以说是最为常用的颜色之一,尤其在思政类的 PPT 设计中更是

占据主体位置。本案例设计一份主题为"传承红色基因、争做时代新人"的PPT,具体操作步骤如下:

(1) 在PPT页面空白处单击鼠标右键,在弹出的快捷菜单中选择"设置背景格式"命令,在"设置背景格式"窗格中,单击选择"渐变填充",将渐变光圈的停止点1的颜色设为深红色(♯9A0000),停止点2的颜色设为红色(♯DE0000),如图6-57、图6-58所示。

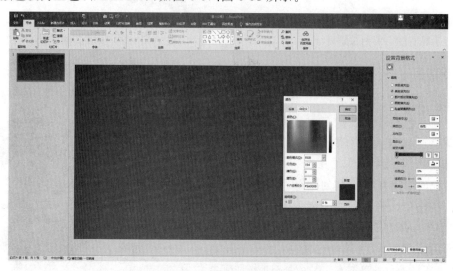

图6-57 设置背景渐变填充

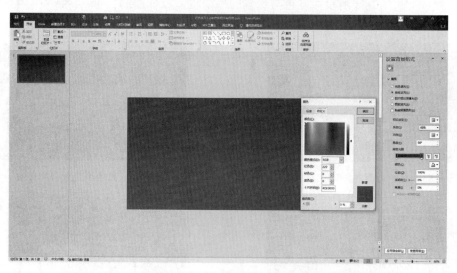

图6-58 背景渐变填充效果

(2) 插入一张PNG格式的素材图片,该图片为井冈山红旗雕塑,单击"图片格式"选项卡→"调整"功能区→"校正"按钮,展开下拉列表,在"亮度/对比度"选项中选择"亮度+20%对比度+40%",增加亮度和对比度,使图片更加鲜艳夺目,并与背景色更好融合,如图6-59所示。

(3) 设置图片阴影效果,使画面更具空间和层次感。在"设置图片格式"窗格中,单击展开"效果"选项页下的"阴影",透明度设为"52%",大小设为"100%",模糊设为"56磅",角度设为"90°",距离设为"4磅"。其中,"模糊"参数的大小决定了阴影边沿的柔和程度,如图6-60所示。

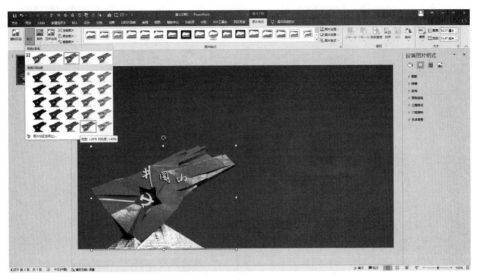

图6-59　插入图片素材并设置亮度对比度

图6-60　设置图片阴影效果

（4）插入一张PNG格式的远山素材图片，并将其亮度和对比度调整为"亮度＋40％ 对比度＋20％"，使远山与主题雕塑形成近景和远景关系，让画面更有纵深感，如图6-61所示。

（5）插入一个文本框，输入标题文字"传承红色基因 争做时代新人"，文字方向为竖排，字体设为端庄大方的"方正粗宋简体"，字号设为"54"，添加文字阴影，颜色设为浅黄色（♯FFFF66），这个颜色自然柔和，且黄色亮度高，与红色的背景形成对比，效果如图6-62所示。

（6）设置标题文字投影效果，此处只需要设置"模糊"（28磅）即可，其他参数采用系统默认值，如图6-63所示。

（7）插入一个文本框，输入副标题"信息通信学院主题教育活动"，文字方向为竖排，字体设为"微软雅黑"，字号设为"20"，字体颜色设为浅黄色（♯FFF2CC），标题两端插入圆点符号，丰富画面效果，如图6-64所示。

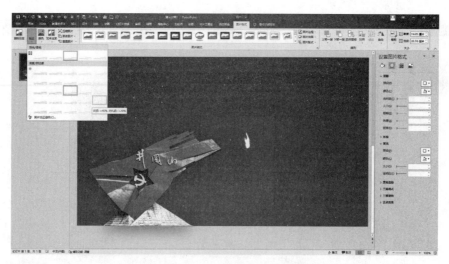

图 6-61　插入远山图片并设置亮度对比度

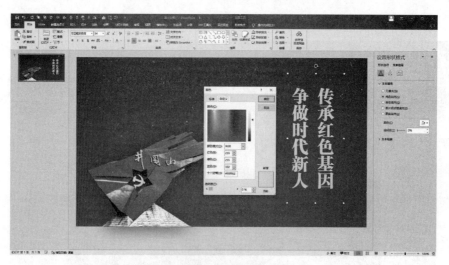

图 6-62　插入标题设置字体颜色

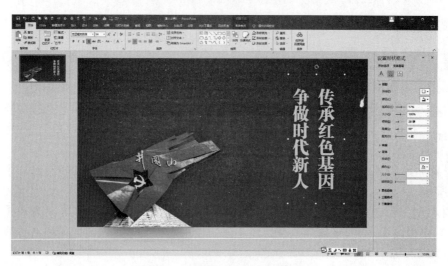

图 6-63　设置标题文字阴影效果

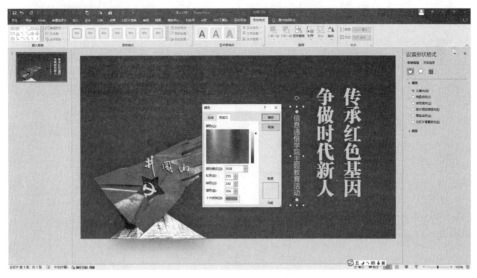

图 6-64　插入副标题并设置字体颜色

（8）从整体效果出发，适当调整图片大小及位置，效果如图 6-65 所示。

（9）变化图片及文字排版，设计第二种页面排版，效果如图 6-66 所示。

图 6-65　整体调整完善

图 6-66　变化排版效果

6.2.3　项目案例：科技信息主题 PPT 的色彩选择与运用

随着时代的发展及信息技术的不断进步，元宇宙离我们越来越近，本案例以元宇宙的介绍 PPT 为例进行讲解，采用与信息科技结合较为紧密的蓝色为主色调进行 PPT 色彩的搭配，具体操作步骤如下：

（1）在 PPT 页面空白处单击鼠标右键，在弹出的快捷菜单中选择"设置背景格式"命令，在"设置背景格式"窗格中，单击选择"渐变填充"，类型选择"射线"，渐变光圈的停止点 1 的颜色设为青绿色（♯00B0F0），停止点 2 的颜色设为蓝色（♯002060），如图 6-67、图 6-68 所示。

（2）插入一张 PNG 格式的素材图片，拖拽并调整到合适的大小和位置，如图 6-69 所示。

（3）插入一个文本框，输入标题文字"元宇宙"，字体选择较有设计感的"优设标题黑"（此字体可免费商用），文本填充选择"渐变填充"，类型选择"线性"，角度设为"90°"，渐变光圈停止点 1 的颜色设为青绿色（♯00B0F0），位置设为"14％"，渐变光圈停止点 2 的颜色设为白色（♯FFFFFF），位置设为"80％"，如图 6-70 所示。

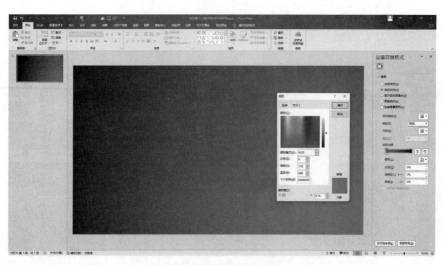

图 6-67　设置背景渐变填充

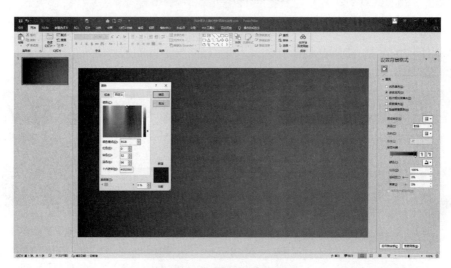

图 6-68　背景渐变填充效果

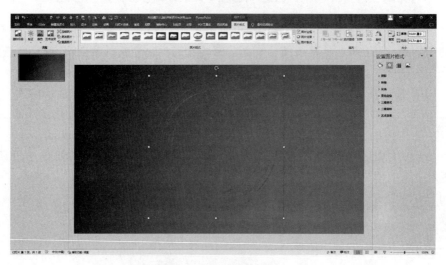

图 6-69　插入图片素材

图 6-70　插入标题并设置效果

（4）设置标题文字阴影效果，此处只需将模糊设为"4 磅"，其他参数采用系统默认值，如图 6-71 所示。

图 6-71　设置标题文字阴影效果

（5）插入一个文本框，输入元宇宙英文"Metaverse"，设置字体为"优设标题黑"，文本填充选择"渐变填充"，类型选择"线性"，角度设为"90°"，渐变光圈停止点 1 的颜色设为深蓝色（♯002060），渐变光圈位置设为"32％"，渐变光圈停止点 2 的颜色设为蓝色（♯0070C0），渐变光圈位置设为"80％"，如图 6-72 所示。

（6）输入说明文字，字体为"思源黑体"，字号设为"18"，颜色设为天蓝色（♯CCFFFF），如图 6-73 所示。

（7）调整文字位置后完成设计，效果如图 6-74 所示。

（8）同样的色彩搭配，通过改变背景渐变填充和文字排版后产生新的效果，两种效果分别如图 6-75、图 6-76 所示。相关参数设置请参考随书资源 PPT 源文件。

图 6-72　插入英文名称并设置渐变色

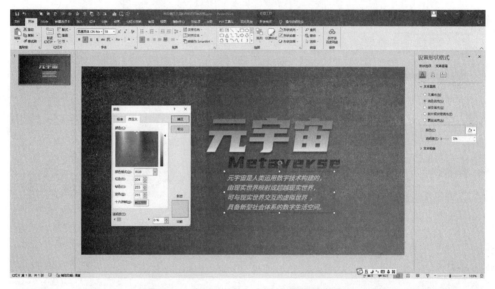

图 6-73　插入说明文字并设置字体颜色

图 6-74　完成的效果

图 6-75　调整背景渐变填充效果一

图 6-76 调整背景渐变填充效果二

6.3 色彩搭配，赏心悦目

PPT 设计对于色彩的搭配并无太多要求，作为一种应用设计来讲，也无须过于追求酷炫，应以服务主题、服务内容为主要宗旨。PPT 用于教学、演示、汇报等场合时应清晰明了、干净整洁，给人一种赏心悦目的感觉。

6.3.1 基础知识

1. 色彩搭配的原则

色彩搭配有其特殊的规律和原则要求，设计中应遵循这些基本原则要求，使色彩搭配在一定规律之中进行调和组合，从而更好地丰富画面、服务内容。色彩搭配的主要原则有统一性原则、同色系原则、对比性原则。

（1）统一性原则。主要是指 PPT 色彩运用要确保整体的协调统一，包括一个页面里的图片和文字色彩协调一致，也包括一个 PPT 中所有页面的色彩协调一致，从 PPT 封面页、目录页、过渡页到内容页、结尾页，都应该是统一的色调，如一级标题的字体颜色，正文字体颜色和重点文字的字体颜色都应该是统一的，给人一种自然和谐、专业规范的感觉。例如，一份介绍数字经济的 PPT，在幻灯片浏览模式下全部页面的整体色调均为蓝色调，如图 6-77 所示，单一页面的不同层级的文字颜色搭配和谐，既区分层级，又突出重点，如图 6-78 所示；同样的，一份党课 PPT 全部页面主色调均为红色，如图 6-79 所示，其中一页采用红黄色搭配，色调统一，如图 6-80 所示。

（2）同色系原则。同色系原则是指色彩运用时选择同一色系的颜色，比如选择以冷色系的蓝色作为主色调，那么整个 PPT 的颜色搭配就从蓝色系中选择（例如，天蓝、蔚蓝、湖蓝、普蓝、深蓝等），同理，如果选择暖色系的红色作为主色调，那么在色彩搭配时就从红色系中选择（例如，粉红、玫瑰红、朱红、大红、深红等），从这两组色彩的名字中，我们不难发现，它们有一个共同的特点，就

图 6-77　整体蓝色调统一

图 6-78　页面蓝色调统一

图 6-79　整体红色调统一

是色彩的名字中有一个字是相同的,我们可以理解为它们是色彩中"兄弟姐妹"的关系,关系亲近,搭配在一起自然也就比较和谐自然了。例如,分别采用蓝色系、红色系、绿色系和褐色系的 PPT 封面页,如图 6-81～图 6-84 所示。

图 6-80　页面红色调统一

图 6-81　蓝色系搭配

图 6-82　红色系搭配

图 6-83　绿色系搭配

（3）对比性原则。为了让PPT的色彩清新明快,层次清晰,在色彩运用中,应使用两种明度相差较大的色彩进行搭配,如果背景色选择了明度比较低(颜色比较深)的颜色,那么字体的颜色则应选择明亮的色彩;反之,背景如果选择比较亮的白色或浅色,字体则应使用明度较低的深色,这样才能确保文字的清晰明了,画面的干净整洁,也才能给人更好的视觉体验。例如,PPT为明度较低的蓝色背景,如果文字选用较暗的颜色,则凸显不了文字内容,如

图 6-84　褐色系搭配

图 6-85 所示;如果文字选用较亮的颜色,则文字内容会醒目突出,如图 6-86 所示。同样的道理,PPT 为明度较高的浅黄色背景,如果文字选用较亮的颜色,则难以辨识文字内容,如图 6-87 所示;如果选用较暗的颜色,则文字内容会凸显出来,如图 6-88 所示。

图 6-85　色彩对比弱,画面暗淡

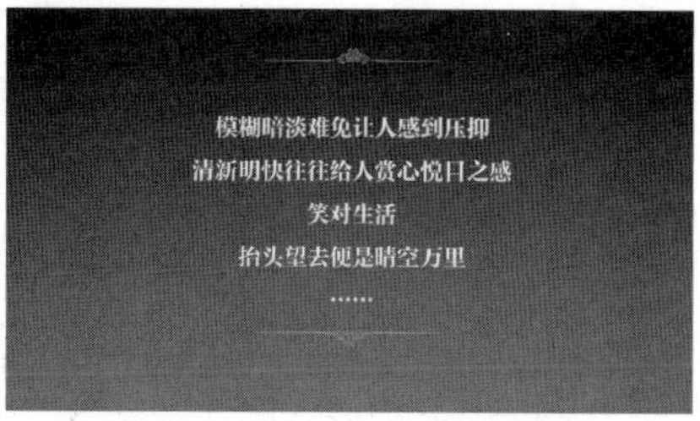

图 6-86　色彩对比强,画面清晰

2. 色彩编辑的技巧

色彩的编辑有一定的规律和技巧,只要我们掌握其要领,便可又好又快地编辑出我们想要的色彩,这里主要讲解如何从素材中选取颜色、如何巧妙运用 PPT 颜色编辑器和运用黑白色调和3 个技巧。

图 6-87　色彩对比弱，文字不宜辨识

图 6-88　色彩对比强，文字醒目突出

1) 从素材中选取颜色。PPT 设计色彩协调统一是基本要求，实际操作中我们可以从选用的素材图片中选择色彩，比如从照片或 Logo 中选取色彩都是确保色彩统一非常好的方法。

(1) 选取照片中的色彩进行设计。在 PPT 页面中插入所需素材图片，添加渐变图层，输入文字后设置字体颜色，用取色器单击选取照片中的蓝色、青绿色和橙色，注意面积大的蓝绿颜色为主色调，面积小的红橙色彩为点缀色。素材照片如图 6-89 所示，取色后设计文字颜色，效果如图 6-90 所示。

图 6-89　素材照片一

图 6-90　选取照片中的色彩设置标题颜色

又如，用取色器单击选取照片中的红色、橙色和白色，注意面积大的红颜色为主色调，面积小的橙色、白色为点缀色。素材照片如图 6-91 所示，取色后设计的效果如图 6-92 所示。

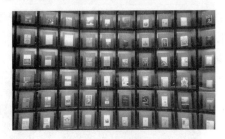

图 6-91　素材照片二

图 6-92　设置字体颜色和矩形的渐变颜色

(2) 选取 Logo 中的色彩进行设计。不同的行业和专业都会有体现自己行业特色的专用色彩，而 Logo 的设计也是与行业紧密相关的，所以在 PPT 的设计中，可以从 Logo 中提取设计色彩，这样可以很好地体现行业特色和一个单位的个性。例如，一份介绍定向越野俱乐部的 PPT，通过取色器拾取 Logo 的蓝色作为主色调，封面页和内容页分别如图 6-93、图 6-94 所示；一份介绍挖掘机的 PPT，拾取挖掘机上的黄色和黑色，作为色彩搭配，两种封面页的设计效果分别如图 6-95、图 6-96 所示。

图 6-93　选取 Logo 颜色设计的封面页

图 6-94　选取 Logo 颜色设计的内容页

图 6-95　选取工程机械行业颜色进行设计一

图 6-96　选取工程机械行业颜色进行设计二

2）巧妙运用 PPT 颜色编辑器。PPT 中自带的颜色编辑器提供了标准色和自定义颜色两个功能,其中"标准"选项页中包含 127 种标准色彩,这些颜色都是软件开发人员经过长期实践总结出来的,基本可以满足我们的使用需求。在使用时,我们只需要确定画面色系后,在编辑器一定范围内进行色彩的选取即可,如左上角的绿色区域、上方的蓝色区域、右下角的红色区域等,切不可上下左右什么颜色都用。此外,编辑器的"自定义"选项页提供了自定义编辑功能,让使用者可以根据特殊需求进行自由编辑。两类颜色选项页如图 6-97 所示;从"标准"选项页中选择的颜色搭配效果如图 6-98 所示;通过"自定义"选项页改变色彩的明度如图 6-99 所示,完成的色彩渐变效果如图 6-100 所示。

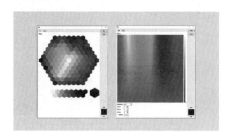

图 6-97　PPT 颜色编辑器

图 6-98　从"标准"选项页中选择的颜色搭配

3）运用黑白色调和。在色彩运用中,黑白两种颜色通常不与其他颜色一起算入色彩的数量,我们经常讲的一个画面一般不超过三种颜色,这里的三种颜色不包括黑色和白色。黑色和白色是"没有颜色的颜色",但这两种颜色在设计中所发挥的作用是非常重要的,可以说是"万能色",色彩中遇到搭配不和谐时,黑白两色往往可以起到很好的调和作用。

黑白色调和时,既可以用黑色或白色的线条进行描边,也可以在明度较高的颜色搭配时运用黑色的阴影来调和,阴影的设置不仅可以起到很好的调和效果,也比线条的勾勒显得更柔和圆润。深蓝色背景上的蓝色文字,在使用白色描边或者白色发光前后的效果分别如图 6-101、图 6-102 所

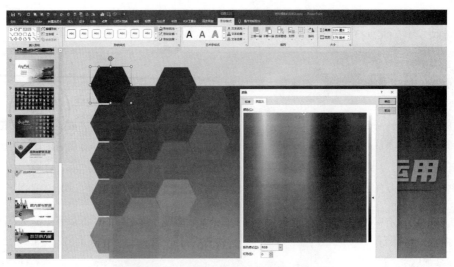

图 6-99　通过"自定义"选项页改变色彩的明度

图 6-100　从"自定义"选项页设置色彩渐变

示；浅绿色背景上的黄色文字，在设置黑色描边或者阴影前后的效果分别如图 6-103、图 6-104 所示。

图 6-101　明度较低的颜色搭配显得灰暗

图 6-102　白色描边或白色发光调和效果

图 6-103　明度较高的颜色搭配显得发白

图 6-104　黑色描边或阴影调和效果

6.3.2　项目案例：不同色调在 PPT 设计中的运用

设计常用的色彩以相同色调为主，以显得色彩和谐统一，有较强的设计感。还有一类较为常见的设计就是为了烘托热烈的气氛，需要有不同色调的颜色在同一个画面出现。本案例设计一份故宫博物院 PPT，讲解红、蓝两色的配色设计方法，具体操作步骤如下：

（1）新建一份空白演示文稿，插入一张故宫图片，对图片进行适当的裁剪，如图 6-105 所示；将裁剪后的图片移至 PPT 页面的右侧，在 PPT 页面的左侧插入一个矩形，形状轮廓设为"无轮廓"，填充颜色设为标准色中的蓝色（♯0070C0），如图 6-106 所示。

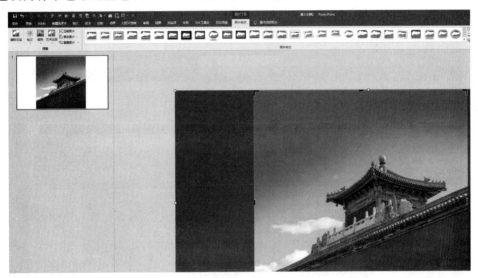

图 6-105　裁剪图片

图 6-106　设置背景色

（2）插入三个文本框，分别输入相关文字，根据需要设置文字字体和大小，区别层次和体现节奏感，其中主标题"故宫博物院"字体设为"方正粗宋简体"，字号设为"28"；第二个文本框文字字体设为"微软雅黑",字号设为"20";第三个文本框文字字体设为"微软雅黑",字号设为"11",效果如图 6-107 所示。将主标题"故宫博物院"字体颜色设为黄色(♯FFCC66),文字"是一座特殊的博物馆"设为白色,说明文字设为蓝色(♯66FFFF),这样就使 3 段文字有了空间和层次感,如图 6-108 所示。

图 6-107　输入文本并设置字体及大小

（3）输入故宫的英文名称 THE PALACE MUSEUM,字体设为"方正粗宋简体",字号设为"48",颜色设为标准色中的深红色(♯C00000),如图 6-109 所示,此时红色和蓝色两种颜色相撞显得灰暗。在"设置形状格式"窗格中,单击展开"文本选项"下的"文字效果"选项页的"发光"选项,将颜色设为白色,大小设为"10 磅",白色发光效果如图 6-110 所示。

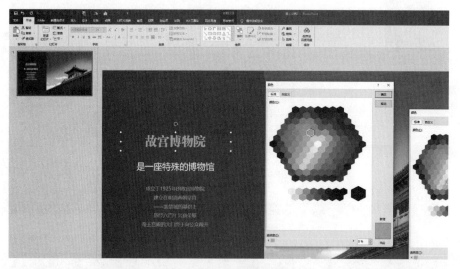

图 6-108　设置字体颜色

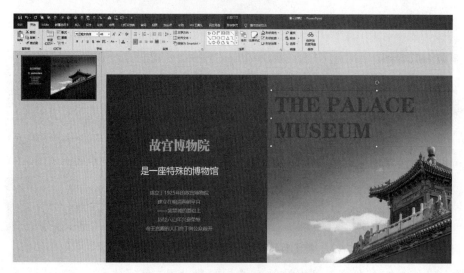

图 6-109　输入英文名称并设置颜色

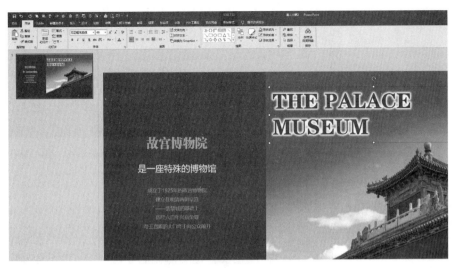

图 6-110　设置文字发光效果

（4）插入一张"云纹边框"素材图片，将其重新着色为"蓝色，个性色 1 浅色"，使其与背景色协调一致，如图 6-111 所示；适当调整图片文字的位置和大小，使画面整体更加协调美观，完成的第一种配色效果如图 6-112 所示。此外，还可以选择照片中其他颜色作为主色调进行设计，以红色为主色调如图 6-113 所示，以绿色为主色调如图 6-114 所示。

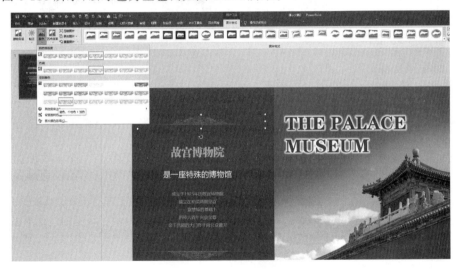

图 6-111　添加云纹图案修饰

图 6-112　作品完成效果

图 6-113　红色主色调设计效果

图 6-114 绿色主色调设计效果

6.3.3 项目案例：运用类似色设计 PPT 页面

类似色的设计能使画面色彩更加和谐统一，是较为常用的一种色彩搭配。本案例设计一份广州城市介绍 PPT 页面，使用色彩编辑器的标准色及自定义填充的方法，讲解类似色的设计技巧，具体步骤如下：

（1）新建一份空白演示文稿，插入一张广州城市图片，对图片进行适当的裁剪，如图 6-115 所示；单击"图片格式"选项卡→"调整"功能区→"校正"按钮，在"亮度/对比度"一栏中单击选择"亮度：+20% 对比度：+20%"，以增加图片的亮度和对比度，如图 6-116 所示。

图 6-115 插入图片素材并进行裁剪

（2）插入一个矩形，形状填充设为"渐变填充"，在"设置形状格式"窗格中，将渐变光圈的停止点 1 的颜色设为标准色中的蓝色(♯0070C0)，如图 6-117 所示；在停止点 1 的基础上，运用自定义色彩移动游标向上滑动，提高亮度，将停止点 2 的颜色设为浅蓝色(♯008AF2)，如图 6-118 所示。

（3）在停止点 2 的基础上运用自定义色彩移动游标继续向上滑动，调整亮度，将停止点 3 的颜色设为浅蓝色(♯33A8FF)，并设置透明度为 100%，如图 6-119 所示。

（4）插入两个文本框，分别输入文字"广""州"，字体设为"方正粗雅宋"，颜色设为蓝色(♯33CCFF)，其中，"广"的字号设为"166"，"州"的字号设为"115"，错落摆放，如图 6-120 所示。

（5）插入一个文本框，输入文字"穗"，字体设为"华文新魏"，字号设为"115"，颜色设为蓝色(♯33CCFF)，与"广州"两字相同，将透明度调整至 85%，效果如图 6-121 所示。

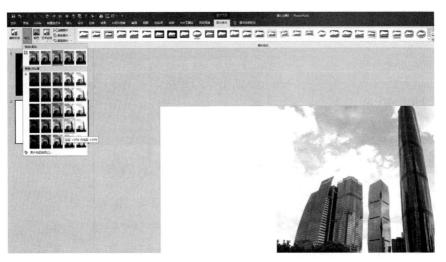

图 6-116 增加图片的亮度和对比度

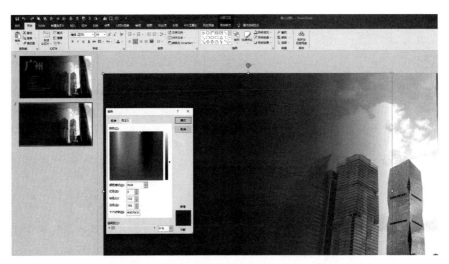

图 6-117 插入矩形框并编辑停止点 1 的颜色

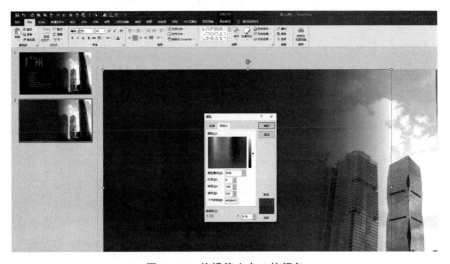

图 6-118 编辑停止点 2 的颜色

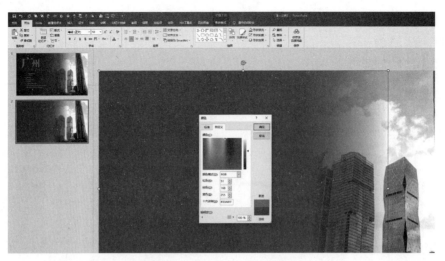

图 6-119　编辑停止点 3 的颜色

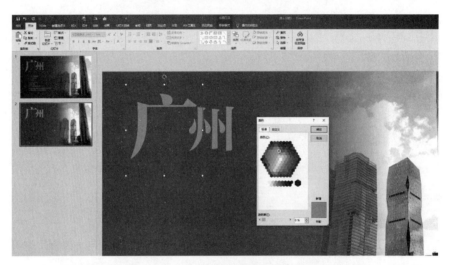

图 6-120　输入文字并设置字体和颜色

图 6-121　编辑颜色透明度

（6）输入其他文字并调整大小和字体，颜色设为蓝色（♯33CCFF），与"广州"两字相同；将拼音字母字体设为"Helvetica Neue"，字号设为"40"，透明度调整至"50％"；说明文字字体设为"思源黑体"，字号设为"16"，透明度不变，保持为"0％"，效果如图6-122所示。此外，还可以选择图片中其他颜色作为主色调进行设计，以深绿色、深蓝色为主色调，效果分别如图6-123、图6-124所示。

图6-122 作品完成

图6-123 深绿色主色调设计效果

图6-124 深蓝色主色调设计效果

第7章

版面设计

素材

本章概述

    PPT 的版面设计,是综合文字、图形、图像、色彩等要素,进行组合编排,以一定的外在形式传达内在的主旨要义。进行合理的版面设计,既要合理地对视觉要素进行排版设计,又要形神兼备地对主题进行视觉传达,这就要求设计者掌握 PPT 版式设计的基本原则,熟练应用 PPT 版式设计的基本类型,处理好简单与复杂、对比与调和、对称与均衡的关系,从而使得 PPT 页面呈现出独特的节奏和韵律。

学习目标

    1. PPT 版面设计的基本原则。

    2. PPT 版面布局的基本类型。

    3. PPT 版面设计的基本步骤。

学习重难点

    1. 版面布局的选择与确立。

    2. 多种元素之间关系的处理。

    3. 版面结构的创新设计。

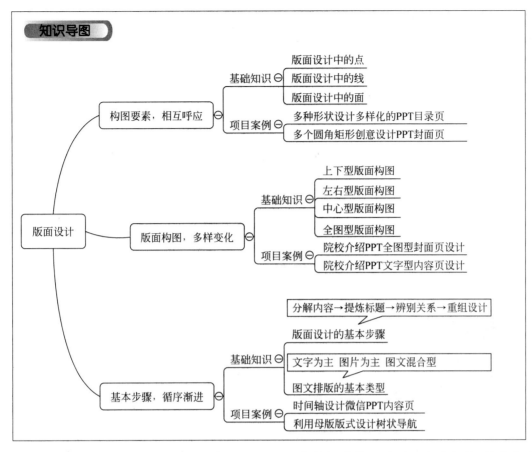

版面设计又称为版式设计、编排设计，它是按照一定的视觉传达需要和审美规律，结合各种平面设计的具体特点，将各种文字、形状、图片及其他视觉形象元素加以组合编排，进行表现的一种视觉传达的设计方法。它涉及报纸、刊物、书籍、产品广告、挂历、招贴画、唱片封套和网页页面等各个平面设计领域。

PPT 版面设计既有版面设计的一般特点，又有 PPT 页面设计的独特之处。这种特殊之处，一方面体现在一个页面的"静"的视觉元素（如文字、图形等）和"动"的视觉元素（如动画、视频等）的结合，另一方面体现在页面与页面之间的连贯切换，要符合整体的风格特点。

本章将通过多个案例，讲述 PPT 版面设计的构成要素、基本类型和基本步骤，将抽象的设计原理融入项目案例的具体实操，在操作步骤中体会原理的运用，在原理的具体应用中领悟设计的要领。

7.1 构图要素，相互呼应

点、线、面是版面设计的主要语言。版面设计重点是调整好点、线、面的数量与形式的关系，无论版面的内容与形式如何复杂，但最终都可以简化到点、线、面。这是一个从具体到抽象的过程，能够帮助设计者从更高层次审视 PPT 页面，把握内在的规律性。

例如，一个字可以看作一个点，一行字可以看作一条线，多行文字可以看作一个面，可以将版面理解为点、线、面相互依存、相互作用、相互关联的视觉整体,它们组合在一起,结合色彩元素和空间效果,形成一个个千变万化的PPT页面版式。

7.1.1 基础知识

1. 版面设计中的点

点是版式设计中最简洁的元素,点的表现力是通过大小、颜色、位置等显现出来的。点也是版式设计中最活跃的元素,不管是PPT页面中的小色块、小图形还是文字块,都具有构成点的特性。

(1)单独的点。如果在整个PPT版面中只有一个点,这个点往往会自动形成视觉中心,有一种被放大的效果,相当于绘画中的焦点透视法。

例如,一份题为"工作总结与工作计划"的PPT封面页,页面中心位置放置学校的校徽,它成为整个页面的视觉中心和焦点,引导浏览者的视觉走向聚焦到页面的主标题上。页面中心的圆形就可以看作一个点,整个圆形的微立体效果,更加凸显了视觉中心的效果,如图7-1所示。

再如,一份2022年工作总结PPT封面页,将主题词"奋发有为 砥砺前行"放置在页面的左上角,叠加在圆形之上,成为浏览者第一视觉对象,突出了PPT主题,给人留下深刻印象,如图7-2所示。

图 7-1 单独的点一

图 7-2 单独的点二

(2)多点组合。多个点组合时能够产生距离感,或者表现出滚动、弹跳等动态的特性,它们可以与其他形态组合,起到平衡版面、填补一定空间、点缀和活跃版面气氛的作用;还可以组合起来,成为一种肌理或其他要素,衬托版面的主体。

例如,一份教师教学创新大赛PPT封面页,使用多个圆形(可以视为多点)进行版面设计,并将大赛的特色文字叠加在大小不一、错落摆放的圆形之上,使得页面呈现出动态跳跃的特点,丰富了页面的视觉效果,如图7-3所示。

再如,一份主题为"演示文稿版面设计"的PPT封面页,除了最大的圆形叠加校徽之外,还使用了多个圆形作为点缀,起着填补版面空间的作用,同时也活跃了整个页面的视觉效果,在静态的页面上体现了流动、跳跃的动感,如图7-4所示。

图 7-3 多点组合一

图 7-4 多点组合二

2．版面设计中的线

PPT 页面中的线，不仅仅是插入形状中的直线，还可以是从外形上可以视为线的所有对象，比如长条形的矩形、一行文字、连贯成线的形状，等等。

线在版式设计中的作用非常突出，有非常生动的表现。在许多 PPT 版面中，文字以线的形式存在，占据着画面的主要位置，成为设计者处理的主要对象。各种线条还可以构成版面各种装饰要素及各种形态的外轮廓，它们起着界定、分隔 PPT 页面中的各种形象的作用。线还可以串联各种视觉要素，可以使画面充满动感，也可以稳定画面。

在版式的构成原理中，每一种线都有其独特的个性与情感，将线的这些基本属性应用于版面设计中，就能轻松地呈现出较好的画面效果。例如，纤细的直线能够传递冷静、严谨、远离的感受，而粗犷的线条具有一定的长方形的特性，显得更加凝重，冲击视觉。

（1）水平线。PPT 版式中的水平线，可以是一行标题文字，也可以是拦腰设计的矩形色块，还可以是多张图片组合而成的整体。水平线给人以稳定、开阔、平静、舒缓的感受。

例如，一份年终总结暨新年工作计划 PPT 封面页，中间水平线将页面区分为上下两个版面，标题文字形式上也是一条水平线，和上面的水平线一起构成了稳定的版面，通过单色系设计展现出简约、大气的视觉效果，如图 7-5 所示。

再如，一份工作总结 PPT 内容页，在页面的顶部和底部，分别使用一条水平线，起到了区分层次、划分版面、引导视线的作用，如图 7-6 所示。

图 7-5　水平线一

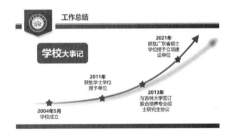

图 7-6　水平线二

（2）倾斜线。倾斜线呈现一定角度的倾斜，可以通过形状倾斜的边缘或者赛道的倾斜，表现体育竞技、赛车等场合的运动感。

例如，一份介绍全民健身日活动 PPT 封面页，采用两条倾斜的线条（长条形的矩形可以视为线条），表现出运动的速度感和节奏感，健身运动的动感氛围就营造出来了，如图 7-7 所示。

又如，一份介绍拳击运动的 PPT 封面页，利用倾斜的形状和文字，连贯成线，表现出拳击的速度感，如图 7-8 所示。

图 7-7　倾斜线设计出运动的节奏感

图 7-8　倾斜线设计拳击运动的速度感

（3）曲线。曲线是流动的,让人联想到潺潺的流水；曲线是柔美的,让人联想到娇媚的身躯；曲线是连续的,让人无限遐想。曲线给 PPT 页面带来了顺畅的视觉效果,例如,用曲线表现公司业绩的不断增长,用曲线表现女性的主题,用曲线将 PPT 页面划分为多个版块。

例如,一份彩妆产品介绍的 PPT 封面页,采用多条曲线或者将形状的边设置为曲线,尽情展现了女性的柔美,与 PPT 介绍的产品主题非常贴合,如图 7-9 所示。这种形状的曲线,可以通过编辑矩形的顶点来实现。

再如,一份倡导绿色出行主题的 PPT 封面页,使用曲线对页面进行分割,将两张图片很好地进行过渡和区分,展现人与自然和谐共处的绿色生态观,给 PPT 页面带来活跃、时尚和简洁的效果,如图 7-10 所示。

图 7-9 曲线分割版面一

图 7-10 曲线分割版面二

3．版式设计中的面

点和线在平面中的延展就构成了面。将点铺排可形成一定大小和形状的面,利用线对空间进行分割可在原有整体的版面上形成新的面,许多点和线的组合才能构成对主题的完整表达。面有圆形、三角形、矩形、平行四边形、梯形等各种形状,不同的形状产生不同的感觉。

（1）圆形。圆形具有润泽感、和谐感,有的圆形远看是一个点,近看则成了一个面。圆形在版面设计中起着重要的作用,是成为汇聚焦点、建立视觉中心的重要方法。

例如,一份 2022 年年终总结 PPT 封面页,将网络覆盖在地球上,形成一个圆形,成为 PPT 页面的视觉焦点,处于圆形之中的标题自然而然地成为了整个 PPT 页面的视觉中心。这样的版面设计,能够快速地抓住浏览者的视线,很好地将多个元素组织在一个页面上,如图 7-11 所示。

再如,一份教学为主题的 PPT 的目录页,通过多个圆形将目录连贯成为一个整体,更小的圆形则发挥着点缀和活跃版面的作用,多个圆形采用绿色作为主色调,使用明度配色法,使得单一的主色调具有了层次感和韵律感,图 7-12 所示。

图 7-11 圆形作为视觉中心

图 7-12 多个圆形相互呼应

（2）三角形。三角形传递出稳定感、力量感，倒置的三角形则传递出不稳定感和动感。三角形既可以是插入形状中的"直角三角形"或者"等腰三角形"，也可以通过编辑顶点，改变三角形的外形，还可以用多个三角形组合成为更大的形状。插入的图片也可以呈现三角形的构图效果。

例如，一份年度工作总结PPT封面页，以白色的三角形划分版面，稳定整个页面构图，同时叠加了一个半透明度的倒置的三角形，让版面更加活跃，还有更多小的三角形穿插点缀其中，让整个页面"动"起来，如图7-13所示。

再如，一份主题为"全民健身 重在参与"的PPT封面页，背景图片底部的道路呈现近大远小的透视效果，线条逐渐向远处汇聚，是一个隐藏的三角形版面形状，既体现了空间的开阔辽远，又聚焦了运动健身的主题，如图7-14所示。

图7-13 三角形稳定构图

图7-14 图片呈现三角形构图效果

（3）矩形。矩形具有端正感、平衡感，是最常用的分割版面、区分层级的形状。矩形同样可以通过编辑顶点，变化成为其他多边形，多个矩形经过旋转、组合，可以设计出更大的形状，起着丰富版式效果的作用。

例如，一份主题为"红色资源融入课程思政"的PPT封面页，采用红色的矩形将整个页面划分为两个区域，这是典型的"上图下文"的版面类型。矩形的红色与图片中徽标的红色相互映衬、呼应，凸显了红色资源的革命本色，如图7-15所示。

再如，一份主题为"人工智能赋能教育"的PPT封面页，将半透明的圆角矩形作为蒙版，叠加了PPT的标题及副标题，同时通过编辑顶点和插入线条，改变了单一的版式效果，如图7-16所示。

图7-15 矩形划分版面

图7-16 矩形凸显标题

（4）形状的组合。将矩形、三角形、圆形等多个同类形状进行组合使用，灵活搭配，能够产生很好的版面效果。

例如，一份介绍青岛风情的PPT封面页，通过多个矩形旋转角度和拼接组合，形成了一幅连续的风景插图，同时让部分小的矩形填充主色调蓝色，很好地展示了青岛的美丽景观，如图7-17所示。

再如，一份主题为"沟通技巧培训"的PPT封面页，将多个大小不一的六边形错落摆放，大的六边形采用图片填充或者插入关键字，小的六边形填充为不同明度的蓝色，与版面左侧的相对整齐的标题文字有了对比，活跃了整体版面，如图7-18所示。

图 7-17　多个矩形组合

图 7-18　多个六边形组合

7.1.2　项目案例：多种形状设计多样化的PPT目录页

视频讲解

本案例利用矩形、圆形、六边形等多种形状，改进设计一份介绍公文的PPT目录页的版式，使之呈现出多样化的版面效果，具体步骤如下：

（1）打开一份介绍公文的PPT，该PPT的目录页采用绿色的背景和蓝色矩形，矩形色块和背景没有很好地融为一体，割裂感很明显，背景图片与主题内容无关，如图7-19所示。

（2）删除PPT页面的背景图片，删除之后的效果如图7-20所示。

图 7-19　PPT原稿目录页

图 7-20　删除背景图片

（3）插入一个圆形，将作为文字"目录"的背景形状，效果如图7-21所示。

（4）将圆形的形状填充设为"无填充"，即可去除填充颜色，形状轮廓的粗细设为"6磅"，效果如图7-22所示。

图 7-21　插入一个圆形

图 7-22　去除圆形的填充颜色

（5）插入一个较小的圆形，同样去除填充颜色，再插入一条直线，连接两个圆形，形状轮廓的粗细均设为"6磅"，效果如图7-23所示。

（6）将标题文字所在的文本框的形状填充设为"无填充"，并将文字颜色设为标准色中的蓝色（♯0070C0），字号设为"32"；在小圆形中插入数字"1"，作为序号，字体设为"微软雅黑"，字号设为"48"，颜色同样设为蓝色（♯0070C0），效果如图7-24所示。

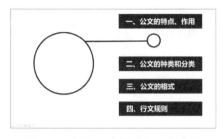

图7-23　插入一个圆形和一条直线

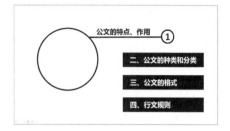

图7-24　将标题文字颜色改为蓝色

（7）其他标题也同样操作，去除矩形背景蓝色，文字颜色统一改为蓝色（♯0070C0），添加数字序号，效果如图7-25所示。

（8）在大的圆形中插入文字"目录"，字体设为"微软雅黑"，字号设为"72"，颜色同样设为蓝色（♯0070C0），效果如图7-26所示。

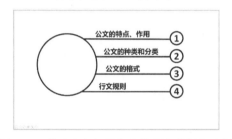

图7-25　修改全部标题文字的颜色并添加序号

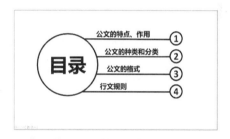

图7-26　插入文字"目录"

（9）在"开始"选项卡的"段落"功能区中，将"目录"两字的文字方向由"横排"改为"竖排"，形成由上至下的视觉引导效果，效果如图7-27所示。

（10）插入一张浅蓝色的纹理图片，置于底层作为背景，效果如图7-28所示。

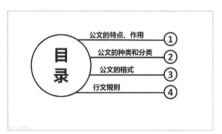

图7-27　修改"目录"的文字方向

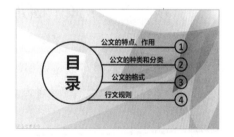

图7-28　插入一张图片作为背景

（11）单击选择背景图片，在"设置图片格式"窗格中，在"形状选项"下的"图片"选项页中，将图片的透明度设为"38％"，减小蓝色背景图片对蓝色标题文字的干扰，第一种版面效果如图7-29所示。

（12）使用平行四边形作为"目录"文字的背景，使用六边形作为标题序号的背景，平行四边形、六边形的填充颜色及4个标题的字体颜色均设为主题颜色下的"青绿，个性色2，深色50％"；适当调整形状的位置和大小,使 4 个标题倾斜错开排列,展示动态递进的效果,第二种版面效果如图 7-30 所示。

图 7-29　第一种版面效果

图 7-30　第二种版面效果

（13）将标题文字和六边形并列摆放,呈现水平线排版效果,梯形、六边形的填充颜色及 4 个标题的字体颜色均设为标准色中的蓝色(♯0070C0),第三种版面效果如图 7-31 所示。

（14）标题文字和矩形分为两行,上下左右错落排版,适用于标题文字较多的情况,矩形的填充颜色和 4 个标题的字体颜色均设为主题颜色下的"青绿,个性色 2,深色 25％",第四种版面效果如图 7-32 所示。

图 7-31　标题文字和六边形水平线排版

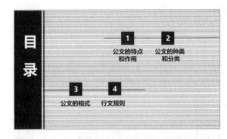

图 7-32　标题文字和矩形左右错落排版

本案例中的 PPT 目录页,使用多种形状,设计了四种版面布局,改变了原稿中过于单调呆板的布局样式。无须过于繁杂,简单的图形也能够让多个标题的目录页简洁大方。

7.1.3　项目案例:多个圆角矩形创意设计 PPT 封面页

视频讲解

矩形作为 PPT 形状中的基本元素之一,并不一定总是横平竖直的直角矩形,既可以插入圆角矩形或者剪去顶角的矩形,也可以通过编辑顶点,设计出更多的形状。本案例通过多个圆角矩形,模拟钢琴键的外形,改进设计一份晨曲为主题的 PPT 封面页,体现出别样的创意,具体操作步骤如下:

（1）打开 PPT 原稿,该页面采用简单的标题文字加背景底图的方式,缺乏设计感和创意,如图 7-33 所示。

（2）插入一个圆角矩形,并将上边缘的黄色圆点拖拽至中心,使得上边和下边变为半圆形,效果如图 7-34 所示。

（3）选择圆角矩形,按 Ctrl＋D 快捷键,快速复制多份,效果如图 7-35 所示。

（4）拖拽移动多个圆角矩形,使之上下错落摆放,效果如图 7-36 所示。

图 7-33 PPT 原稿

图 7-34 插入一个圆角矩形

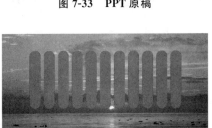

图 7-35 复制多份圆角矩形

图 7-36 调整圆角矩形的位置

（5）先单击选择日出的背景图片，然后按住 Ctrl 键，连续单击选择多个圆角矩形；单击"形状格式"选项卡→"插入形状"功能区→"合并形状"按钮，然后在下拉菜单命令中选择"拆分"，拆分形状之后的效果如图 7-37 所示。注意，这里应该先选择图片，然后再选择多个圆角矩形，选择对象的先后次序很关键。

（6）选择并移动背景图片，可以看到图片被拆分为多个圆角矩形的样式和余下的背景图，效果如图 7-38 所示。

图 7-37 拆分形状后的效果

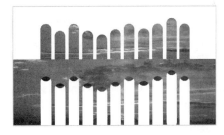

图 7-38 观察拆分形状后的效果

（7）将余下的背景图删除，留下多个圆角矩形；再次插入日出背景图片，将其置于底层，在"设置图片格式"窗格中的"图片"选项页，对图片进行校正，将图片的亮度调整为"－65%"，即降低背景图片的亮度，形成与圆角矩形图片明暗程度的反差，效果如图 7-39 所示。

（8）将标题文字"晨曲"的字体改为"华文中宋"，字号设为"88"；英文"Morning Song"字体设为"Edwardian Script ITC"，字号设为"44"；作者姓名"爱德华·格里格"和英文"Edvard Grieg"的字体分别设为上述字体，字号设为"28"，完成的效果如图 7-40 所示。

本案例使用圆角矩形，模拟出钢琴键盘的外形，通过错落摆放形成了流动的曲线，仿佛在日出的清晨弹奏起美妙的钢琴曲。这里的多个圆角矩形是版面设计的主角，改变了棱角分明的外形，营造出轻柔舒缓、万物苏醒的清晨氛围。

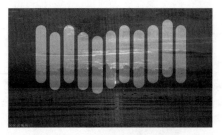

图 7-39 降低背景图片的亮度

图 7-40 修改标题和作者姓名的字体格式

7.2 版面构图，多样变化

内容决定形式。PPT 页面的版式布局，首先取决于所要表达的主题或者传达的信息。各类 PPT 页面在整个 PPT 中的作用不同，图文排版构图的方式也不同。例如，封面页的主要文字信息为标题和演讲者姓名等关键信息，是以图片为主的排版；如果是内容页或者目录页，文字信息相对较多，要尽可能将文字转换为图形或者图片表达，凸显关键性的文字，通过可视化的形式更易为观众接受；如果是展示逻辑关系的内容页，可以通过 SmartArt 图形或者图表的方式，形象化地展示内在的逻辑关系，例如组织结构的层级关系或者工作流程的顺序关系。

7.2.1 基础知识

PPT 页面的版面构图，可以区分为上下型、左右型、中心型、全图型、对称型、三角型、斜线型、曲线型等类型。当然，有的 PPT 页面不是严格的归属于某一种类型，但是从视觉抽象上看，可以大致归入到其中的某一类。以下重点介绍上下型、左右型、中心型、全图型等四种类型。

1. 上下型版面构图

上下型版面构图是指用上图下文或者上文下图的方式来安排图文位置，也可以是两个图片通过分割线或形状来划分版面，页面呈现上下两个主要的区域。图 7-15 展示的就是上图下文的排版构图，文字叠加了红色矩形色块。上下型构图方式是常见的 PPT 页面排版方式，这种构图方式给人以稳定的视觉感受。

例如，一份以"不忘初心 携手并进"为主题的 PPT 封面页，采用不同明度的红色将整个页面区分为上下两个版块，上面的版块以"2023"图形化的文字和插图为主，下面的版块以标题和副标题文字为主，如图 7-41 所示。

再如，一份以"作为父母，我们会做错什么"为主题的 PPT 内容页，采用紫色矩形将版面划分为上下两个版块，两个版面的面积并不均等，标题文字及插图放置在上面的版块，较多的内容文字放置在下面的版块，从而清晰地区分了两个层级，层次关系分明，如图 7-42 所示。

2. 左右型版面构图

左右型版面构图是指用左图右文或者左文右图的方式来安排图文位置，可以借助一定的形状来划分左右两个区域，比较适合安排两个或多个层级的文本，图片区域可以叠加标题文字或者关键字句，文字区域可以进一步分为多个段落或者更小的版块。

图 7-41　上下型版面构图一

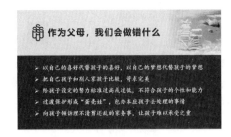

图 7-42　上下型版面构图二

例如,一份以"2022 再见 2023 你好"为主题的 PPT 封面页,采用蓝色和红色的对比色,将整个页面区分为左右两个版块,表现辞旧迎新的主题。左右两个版块的分割线是一种撕纸的效果,相较于直线或者曲线的分割,更加随性自然,如图 7-43 所示。

再如,一份以家校合作为主题的 PPT 内容页,采用曲线将页面区分为左右两个版块,将校徽 Logo、主标题及渐变的插图放置在左侧;大段的文字放置在右侧,白色的文字和蓝色的矩形背景对比鲜明,辨识度高,如图 7-44 所示。

图 7-43　左右型版面构图一

图 7-44　左右型版面构图二

3. 中心型版面构图

中心型版面构图是将页面的主要元素(例如主标题或者主要图片)放置在版面的中心位置或中轴线上,能够快速地吸引眼球,成为视觉焦点。中心型版面构图版式简洁,干脆利落,给人以一气呵成、印象深刻的视觉感受。

例如,一份以山水为主题的 PPT 封面页,采用青色的水彩画元素作为背景,处于中心位置的渐变颜色的"山水"二字,自然地成为了版面的中心,也是视觉的焦点,凸显了自然山水的主题,如图 7-45 所示。

再如,一份介绍简历的 PPT 封面页,以浅淡的茶色(♯F1F1E9)作为背景色,视觉焦点自然汇聚到位于页面中心位置的"简历"二字上,深色的文字颜色更加强化了视觉中心的效果,如图 7-46 所示。

图 7-45　中心型版面构图一

图 7-46　中心型版面构图二

4. 全图型版面构图

全图型版面构图是指采用一张清晰度和分辨率较高的图片铺满整个PPT页面,最大程度地展现图片内容,也被称为铺满构图。这种版面构图方式通过画面语言,传递文字无法传达的情感和内涵,表达的情感更为充沛,正所谓"一图胜过千言"。全图型的PPT页面,一般会使用半透明的色块(或称为蒙版)作为文字的背景,使得文字避免被图片影响辨识。

例如,一份介绍学校办学特色的PPT,内容页采用全图型的版面设计,将体现校园特色的图片铺满整个页面,将文字叠加在渐变透明的白色矩形之上,使人对该学校有了最直接的感受,如图7-47所示;文字和渐变透明度矩形可以灵活放置在图片的边角位置,不影响图片的整体视觉效果,如图7-48所示。

图 7-47　全图型版面构图一　　　　　　　　图 7-48　全图型版面构图二

7.2.2　项目案例:院校介绍 PPT 全图型封面页设计

视频讲解

一张高清大图,胜过千言万语。本案例是珠海科技学院介绍PPT的封面页,通过采用图片裁剪法、合并形状法、添加蒙版法等多种方法,设计了多种样式的版面效果,具体操作步骤如下:

(1)第一种为全图型PPT封面页版面设计,将半透明的矩形蒙版作为文字的背景,提高标题文字内容的辨识度,采用白色半透明蒙版的封面页如图7-49所示。

(2)修改设计第二种版面效果。将页面上部1/3的部分留空出来,放置标题及说明文字;在背景图片上,插入一个表格,将底纹设为"无填充",将边框设为白色,边框粗细设为"1.0磅";插入5个矩形,大小设为与单元格等大,形状填充颜色设为白色,透明度设为"55%",随机覆盖在单元格之上,设计出视窗的效果,如图7-50所示。

图 7-49　半透明蒙版作为标题文字背景　　　　图 7-50　部分单元格覆盖半透明的蒙版

(3)设计第三种版面效果。插入多个圆角矩形,错落摆放,将背景图片和圆角矩形进行合并形状,选择"拆分"命令,删除圆角矩形之外的区域;然后再次插入同样一张图片,置于底层,将其饱和度降为"0%",同时图片透明度设为"88%",凸显出了动感十足的页面;适当调整主标题文字和校徽图片的位置,将校名文字字体设为"微软雅黑",字号设为"60",颜色设为蓝色(♯028EE6);英文校名字体设为"方正大标宋简体",字号设为"16",颜色设为蓝色(♯028EE6);副标题文本框填充颜色设为蓝色,文字颜色设为白色,字体设为"微软雅黑",字号设为"20",文本对齐方式设为"分散对齐",效果如图 7-51 所示。

(4) 设计第四种版面效果。和上述步骤方法相同,但使用六边形的形状,设计出六边形视窗的效果,如图 7-52 所示。

图 7-51　使用圆角矩形设计版面

图 7-52　使用六边形设计版面

(5) 接下来采用裁剪法设计第五种版面效果。首先插入一张覆盖全页面的图片,如图 7-53 所示。

(6) 使用"裁剪"命令,将该图片裁剪剩下上半部分;再插入这张图片,将其裁剪剩下下半部分,效果如图 7-54 所示。

图 7-53　插入背景图片

图 7-54　将图片裁剪分为两个部分

(7) 插入一个矩形,将其渐变填充,渐变光圈的两个停止点的颜色均设为白色,透明度分别设为"0%""100%",角度设为"270°",将其覆盖在上面的天空部分图片的下半部分,使得图片的底部与背景自然过渡;复制一份该矩形,将其垂直翻转,拖拽移动位置,使得下面的校园建筑图片的顶部与背景自然过渡,效果如图 7-55 所示。

(8) 插入校名"珠海科技学院",分为 6 个文本框,文本填充设为"渐变填充",渐变颜色设为标准色中的蓝色(♯0070C0)到标准色中的深蓝色(♯002060),角度设为"270°",文本轮廓颜色设为白色(♯FFFFFF),宽度设为"3.25 磅",文字的字号分别设为"199""138""138""115""115""166",大小不一,错落摆放,再插入一个校名的印章图片,效果如图 7-56 所示。

(9) 插入校徽图片和文字"建设一流创新性 应用型大学""2021 年软科中国民办高校排名第二",置于页面的上部位置,效果如图 7-57 所示。

(10) 插入 4 个圆角矩形,分别输入文字"面朝大海""春暖花开""风光绮丽""椰风海韵",圆角矩形的填充颜色分别设为主题颜色中的"橙色,个性色 2"(♯ED7D31)、标准色中的橙色(♯FFC000)、浅蓝色(♯00B0F0)和浅绿色(♯92D050),效果如图 7-58 所示。

图 7-55　渐变填充的矩形让图片自然过渡

图 7-56　插入校名及印章图片

图 7-57　插入校徽和说明文字

图 7-58　插入圆角矩形及宣传词

　　本案例首先介绍了 5 种全图型 PPT 封面页的设计版面,重点介绍了图片裁剪法;将背景图片一分为二,从而为标题文字留出了空白,渐变填充的矩形使得分割的校园图片和白色背景自然过渡,消除了生硬的边界线。

视频讲解

7.2.3　项目案例:院校介绍 PPT 文字型内容页设计

　　纯文字型的 PPT 页面设计可以充分利用形状色块或者渐变色块,将文本区分为不同层级的版块,提高文本的辨识度,也就是提高可读性。本案例以珠海科技学院的介绍 PPT 为例,改进设计文字型 PPT 内容页,具体步骤如下:

　　(1)打开该 PPT 文件,该内容页分为两大块,大段的文本内容不易于识别读取,如图 7-59 所示。

　　(2)由于文本内容过多,将文本内容分为两个页面,这里以第一段文本为例,先删除第二段文本,如图 7-60 所示。

图 7-59　纯文字型 PPT 内容页

图 7-60　删除第二段文本

　　(3)将该段文本分为 4 个段落,如图 7-61 所示。

　　(4)进一步提炼各段文本的标题,第一段文本作为说明性文字,放置在页面的顶部,其他三段文本提炼的标题分别为“建校成立”“人才培养”“获得荣誉”,效果如图 7-62 所示。

图 7-61 文本划分段落

图 7-62 提炼段落标题

（5）将校名删除，插入一张校徽及书法字体的校名图片，根据校徽的色调，确定页面的主色调为蓝色，如图 7-63 所示。

（6）插入一个矩形，填充颜色设为标准色中的蓝色（♯0070C0），作为页面上部的背景；将校徽和校名图片重新着色为"黑白：25％"，即白色；说明文字的颜色设为白色（♯FFFFFF），效果如图 7-64 所示。

图 7-63 插入校徽及校名

图 7-64 插入矩形作为背景

（7）插入 3 个矩形，背景颜色设为青色（♯4FEAFF）；标题文字颜色设为标准色中的蓝色（♯0070C0），正文文字字体设为楷体，颜色设为黑色；插入 3 个图标，填充颜色也设为蓝色（♯0070C0），复制顶部的矩形并置于底层，填充颜色设为浅蓝（♯00B0F0），稍往下移动，形成微立体的效果，效果如图 7-65 所示。

（8）改变版式设计。插入 3 个圆形，形状轮廓设为"无轮廓"，形状填充设为"渐变填充"，两个停止点的颜色均设为青色（♯09E2FF），第一个、第二个停止点的透明度分别设为"51％""0％"，角度均设为"45°"；渐变透明的圆形上叠加白色的图标，3 个矩形色块也同样设为青色的渐变填充，第一个、第二个停止点的透明度分别设为"100％""0％"，角度均设为"90°"，效果如图 7-66 所示。

图 7-65 插入矩形色块和图标

图 7-66 设置圆形和矩形渐变填充的效果

（9）通过编辑页面顶部蓝色矩形的下边的顶点，设置出曲线效果，如图 7-67 所示。

（10）插入一张 PNG 格式的莲花图片，并将其透明度设为"80％"，放置在页面右上角，效果如

图 7-68 所示。

图 7-67 曲线效果

图 7-68 插入莲花图片

(11) 更换页面的主色调为红色,包括深红色(♯C00000)和橘红色(♯F74811)两种主要红色,效果如图 7-69 所示。

(12) 更换页面的主色调为绿色,效果如图 7-70 所示。可以将页面中的形状或者文字设为主题颜色,通过更改主题颜色,可以快速统一地更换页面的主色调。

图 7-69 红色调

图 7-70 绿色调

本案例展示了纯文字型 PPT 页面利用形状,例如圆形、矩形、图标等,将文字区分为不同的层级和版块,从而提高了页面文字的可读性。关键在于对文案进行充分的梳理,并进行提炼和简化,再加以图形化的设计,从而提升 PPT 页面的整体观赏性和辨识度。

7.3 基本步骤,循序渐进

PPT 版面设计,该从何处着手? 这是每一个 PPT 设计者都需要面对解决的问题。PPT 设计者面对的是文案和素材,首先要拆解内容,其次要从中提炼出主题,或者是标题,或者是关键词,或者是关键句;再次要辨别内容之间的关系,最后才是重组内容,利用形状、颜色、图片等,区分层级,理清关系。

7.3.1 基础知识

视频讲解

1. 版面设计的基本步骤

版面设计的基本步骤包括**分解内容,提炼标题,辨别关系,重组设计**。这实质上指出了 PPT 设计的起始点应该是对文案内容进行梳理、消化理解,是对文案的二次设计,是可视化的重新设计,而绝不是简单的文本搬家,再配上图片。以下以一页介绍数字音频文件格式的 PPT 内容页为例,通过上述 4 个步骤来改进该 PPT 页面。

（1）分解内容。一个页面内的文字,应当是独立成为一个相对完整的意义单元,页面内应当有一个视觉焦点或者中心意思。

打开这份 PPT 原稿,该内容页排版采用上文下图或者左文右图的版面方式,两种排版方式虽然都有图文结合,但是大段的文字内容非常不利于阅读,如图 7-71、图 7-72 所示。

图 7-71　PPT 原稿排版一　　　　　　　　图 7-72　PPT 原稿排版二

（2）提炼标题。标题是对下级文字内容的统领,是对段落文字的概括。提炼分段后各段落的标题,是至关重要的一步,关系到如何统领文本的各个段落。

先删除 PPT 内容页的图片,将留下的文本内容划分为 3 个段落,如图 7-73 所示。

提炼出 3 个段落的小标题,分别为 3 种音频文件格式的名称,如图 7-74 所示。

图 7-73　划分段落　　　　　　　　　　　图 7-74　提炼段落的标题

（3）辨别关系。辨别划分出来的多个段落的关系,决定采用什么样的形状或者 SmartArt 图形来表现内容,这种关系是隐含在文本中的逻辑关系,可以是并列关系,递进关系,因果关系等。

本案例中的 3 个文本段落是并列关系,可以将文本并列放置于页面中,如图 7-75 所示。

（4）重组设计。辨别了各段落的逻辑关系,确定了文本的表现形式,就可以对文本内容进一步重新组合设计,采用合适的形状来展示。

将 3 个文本框的段落进一步划分为更细分的段落,并添加箭头项目符号;插入 3 个圆角矩形,填充颜色设为青绿色(♯0098AC),置于 3 个小标题的底层作为背景;小标题文字字体设为"微软雅黑",字号设为"20",颜色设为白色(♯FFFFFF);再插入 3 个矩形,填充颜色设为浅绿色(♯E2F0D9),即主题颜色下的"绿色,个性色 6,淡色 80%",内容文字字体设为"等线",字号设为"18",颜色设为黑色(♯000000),效果如图 7-76 所示。

接着上一步操作,将主标题文字字体设为"微软雅黑",字号设为"36",颜色设为深青色(♯006370),插入一个 SVG 格式的喇叭图标,填充颜色也同样设为深青色(♯006370),效果如图 7-77 所示。

插入一个矩形,将填充颜色设为青绿色(♯0098AC),放置于页面的下半部分,并置于底层,使页面的层次感更强,效果如图 7-78 所示。

图 7-75　横排并列放置文本

图 7-76　插入形状作为文字的背景

图 7-77　设置标题文字样式并插入图标

图 7-78　插入矩形增加页面层次感

插入一张声音波形图片,如图 7-79 所示。

在"设置图片格式"窗格的"图片"选项页中,将该图片的亮度设为"100%",透明度设为"48%",置于页面的底部,并复制多份,连接成连续的波形图;在"设置背景格式"窗格中,将页面的背景颜色设为纯色填充,填充颜色设为深青色(♯006370),透明度设为"92%",完成的第一种页面效果如图 7-80 所示。

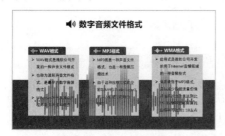

图 7-79　插入波形图

图 7-80　第一种页面效果

插入之前删除的图片,缩放并拖拽至页面的上半部分,置于底层作为背景,如图 7-81 所示。

选择该图片,单击"图片格式"选项卡→"调整"功能区→"艺术效果"按钮,在弹出的选项中选择"虚化"效果(第 2 行第 5 项),将喇叭图标和主标题往左移动,置于页面的左上角,并将喇叭填充颜色和主标题文字颜色均设为水绿色(♯3BE8FF),完成的第二种页面效果如图 7-82 所示。

图 7-81　插入图片

图 7-82　第二种页面效果

2．图文排版的基本类型

PPT 最常见的元素就是文字、图形和图片。依据图文元素占比多少，可以将 PPT 版面设计区分为文字为主的排版、图片为主的排版和图文混合型的排版。

（1）文字为主的排版。文字占据 PPT 版面的全部或者绝大部分，文字呈现关键信息，成为页面的核心要素，主要用于 PPT 目录页或者内容页。

例如，一份介绍公司企业组织架构的 PPT 内容页，如果采用大段文字排列，不仅不美观，而且识读性差。可以采用 SmartArt 图形，清晰、简洁地将组织架构关系展示出来，如图 7-83、图 7-84 所示。

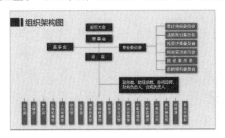

图 7-83　文字为主的排版一

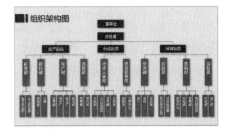

图 7-84　文字为主的排版二

一份介绍电子计算机的发展阶段的 PPT 内容页，采用表格的方式，将各个历史发展阶段的特点层次分明地展现出来，如图 7-85 所示。

一份介绍大数据的特点的 PPT 内容页，利用圆形和圆框，将大数据的 4 个特点形象化地表达，简洁明了，一目了然，如图 7-86 所示。

图 7-85　文字为主的排版三

图 7-86　文字为主的排版四

（2）图片为主的排版。图片占据 PPT 版面的全部或者绝大部分，图版率最高，文字最少，可以是满图型或者多图型的版面类型，较多地用于 PPT 封面页或者多图片的内容页排版。

例如，一份介绍校园风光的相册 PPT，其内容页以图片为主，用一张并蒂莲的图片配上一句说明性的关键语句，就是以图片为主的排版，如图 7-87 所示。也可以是多张图片的排版，尽管图片大小不尽相同，但是图片与图片之间是对齐的，图多而不乱，形成一个完整的 PPT 页面，如图 7-88～图 7-90 所示。

图 7-87　单张图片的排版

图 7-88　多张图片的排版一

图 7-89　多张图片的排版二

图 7-90　多张图片的排版三

（3）图文混排的排版。图片和文字同样重要,图片是文字的重要可视化呈现,文字是关键信息的简明扼要的表达,可以用于 PPT 封面页或者内容页。

例如,一份旅行的意义为主题的 PPT,其内容页为照片加文字的图文配合方式,采用多种图文混排方式,使得页面在统一中不显得单调,图片和文字相互补充,相互映衬。采用上图下文排版方式,图文之间的区域分割可以不是那么明显,如图 7-91 所示;采用四分格排版方式,适当的文字压住了左下角,最大程度展示了美丽的风景,如图 7-92 所示;采用倾斜排版方式,图文可以相互交叉融合,如图 7-93 所示;采用特殊的形状对图片进行展示,形成了一定的韵律和节奏,如图 7-94 所示。

图 7-91　上图下文

图 7-92　四分格排版

图 7-93　倾斜排版

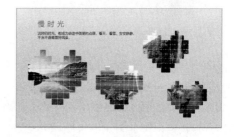

图 7-94　心形图片排版

7.3.2　项目案例：时间轴设计微信 PPT 内容页

视频讲解

对于具有时间先后关系的文字内容,可以采用时间轴的表现形式。时间轴的外形有多种样式,可以是带箭头的直线或者曲线,也可以是折线。本案例以微信发展历程 PPT 的内容页为例,通过时间轴的表现形式,展现清晰的时间先后关系,直观生动,简洁易读,具体步骤如下:

（1）打开一份以"微信发展历程"为主题的 PPT 原稿,它的内容页采用色块来组织多行文本,视觉上是清晰的,但是缺少直观生动的表现形式,如图 7-95 所示。

（2）将绿色的矩形删除，把微信 Logo 和标题文字"微信发展历程"放置于页面的左上角，字体设为"微软雅黑"，字号设为"40"，文字颜色采用的是微信 Logo 的绿色（♯038A00），如图 7-96 所示。

图 7-95　PPT 原稿

图 7-96　将微信 Logo 和标题文字置于左上角

（3）插入一个圆形，形状轮廓设为"无轮廓"；在"设置形状格式"窗格的"填充"选项页中，将其设为"渐变填充"，类型设为"路径"，两个停止点的颜色均设为绿色（♯038A00），透明度分别设为"59％""0％"，使圆形有了立体感；将其复制 6 份，散状分布在页面各处，如图 7-97 所示。

（4）插入文本框，输入年份数字，字体设为"微软雅黑"，字号设为"30"，颜色设为白色（♯FFFFFF），效果如图 7-98 所示。

图 7-97　插入圆形

图 7-98　插入年份数字

（5）单击"插入"选项卡→"插图"功能区→"形状"按钮，在弹出的下拉列表中，选择"线条"中的"曲线"，在 PPT 页面中绘制一条曲线，在"设置形状格式"窗格→"形状选项"→"填充与线条"选项页→"线条"选项栏中，将结尾箭头类型设为"燕尾箭头"，将其颜色设为绿色（♯038A00），线条的粗细设为"4.5 磅"，依次绘制多条曲线，展现时间节点的先后关系，效果如图 7-99 所示。

（6）插入文本框，从原稿 PPT 页面中复制并粘贴相应的文字，字体设为"微软雅黑"，字号设为"18"，颜色设为黑色（♯000000），效果如图 7-100 所示。

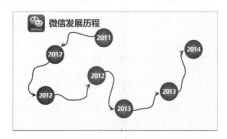

图 7-99　绘制自由曲线作为连接线

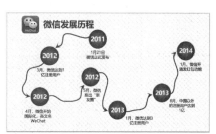

图 7-100　插入说明文字

（7）也可以采用直线作为连接线，效果如图 7-101 所示。

（8）还可以更换设计样式，采用折线连接各个时间节点，设计微立体的风格，效果如图 7-102 所示。

 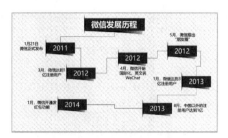

图 7-101　采用直线作为连接线　　　　　　图 7-102　采用折线作为连接线

（9）采用一条曲线连接各段文字，插入基本形状中的泪滴形，作为文字背景图形，并设置为不同的填充颜色和逐渐变大的外形，效果如图 7-103 所示。

（10）还可以使用图标作为标识，在直线的上下两侧交叉分布时间节点，能够醒目地区分各个发展阶段，效果如图 7-104 所示。

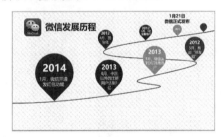 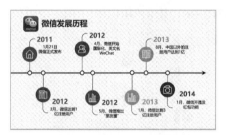

图 7-103　曲线时间轴　　　　　　　　图 7-104　直线时间轴

本案例将具有时间关系的多段文字，使用时间轴串联的方式，能够很好地引导观众的视线，整体感和设计感较为突出，强化了文字图形化和信息可视化的效果。

7.3.3　项目案例：利用母版版式设计树状导航

视频讲解

通过母版设计的版式，可以一次性应用到多个 PPT 页面。利用这个特点，可以设计 PPT 的树状导航栏，置于页面的左侧或者右侧，使得整体结构清晰明了。本案例以一份学院介绍 PPT 为例，通过设计母版版式，为多页 PPT 页面设计树状导航栏，从而无须为每一页单独地设置导航栏，具体步骤如下：

（1）单击"视图"选项卡→"母版视图"功能区→"幻灯片母版"按钮，进入幻灯片母版编辑区，插入一个矩形，调整大小，置于页面的左侧，填充颜色设为标准色中的深红（♯C00000）；插入一个 1 列 4 行的表格，将表格的底纹设为"无填充"，边框颜色设为白色（♯FFFFFF），如图 7-105 所示。

（2）分别在表格的 4 个单元格中插入 4 个标题，字体设为"微软雅黑"，字号设为"24"，颜色设为白色（♯FFFFFF），效果如图 7-106 所示。

（3）插入一张 PNG 格式的校徽图片，将其重新着色为"黑白：25％"，图片变为白色，放置于红色矩形的顶部，如图 7-107 所示。

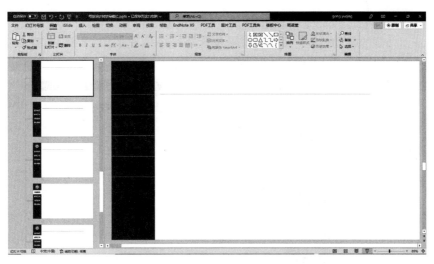

图 7-105 插入红色矩形及表格

图 7-106 插入 4 个标题

图 7-107 插入校徽

（4）将第一行单元格填充颜色设为白色（＃FFFFFF），第一个标题文字颜色设为深红色（＃C00000），从而凸显该标题，这个版式适用于包含第一个标题的 PPT 页面，效果如图 7-108 所示。其他三个标题的版式也采用同样的方法设置。

图 7-108　凸显第一个标题

（5）在母版视图中设置好各级标题的版式后，关闭母版视图，返回到普通视图。在普通视图中，先选取需要应用该版式的 PPT 页面，然后右击，在弹出的快捷菜单中单击"版式"命令，在弹出的版式列表中选择设置好的版式，即可将该版式应用到选定的 PPT 页面上，如图 7-109 所示。

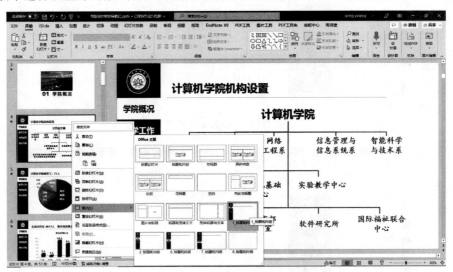

图 7-109　选择应用版式一

（6）同样的，包含第二个标题的 PPT 页面，也应用相应的版式，如图 7-110 所示。

（7）对各个标题的 PPT 页面设置相应的版式，设置完成的效果如图 7-111～图 7-114 所示。

本案例使用母版视图，设置 4 个标题的版式，能够快速地为多页 PPT 页面设置树状导航栏，从而能够在普通视图中呈现简洁清晰的导航效果，能够应用在工作汇报、方案介绍、论文答辩等多种场景中。

图 7-110 选择应用版式二

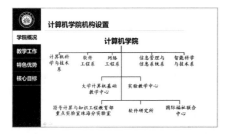

图 7-111 第一个母版版式应用

图 7-112 第二个母版版式应用

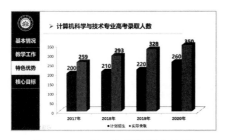

图 7-113 第三个母版版式应用

图 7-114 第四个母版版式应用

第8章

动 画 设 计

素材

本章概述

　　形象生动的动画设计不仅能有效提升 PPT 的演示效果,也能让 PPT 给人眼前一亮的感觉,当然,相对于图文排版等 PPT 基础操作来说,动画的设计会更加复杂和烦琐一些,也正因如此,好的 PPT 动画也更能给人惊喜和视觉冲击。在实际运用中,动画的设计要始终围绕服务主题这一原则,不要为了动画而动画,不可画蛇添足,追求过于酷炫的动感,而应让 PPT 的演示如行云流水般自然流畅。

学习目标

　　1. 了解动画的基本类型及其运用。

　　2. 了解不同动画效果的属性。

　　3. 掌握文本、图片、音频、视频等元素的动画设计。

　　4. 掌握综合动画的设计技巧。

学习重难点

　　1. 动画的效果控制。

　　2. 音频视频与图文动画的配合。

　　3. 综合动画的设计与运用。

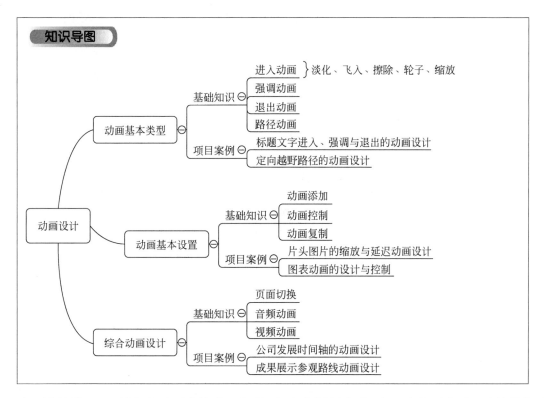

动画设计是 PPT 制作中不可或缺的一部分,但在实际制作中,由于它相对复杂,不易操作,导致很多人不愿意去设置动画,认为 PPT 动画晃来晃去没有必要,而且设置麻烦,浪费时间。试想,PPT 演示时整页整页地播放,标题文字没有先后之分,出场顺序没有前后区别,不仅不能给观众以清晰的逻辑层次,而且影响演讲的节奏、演示的效果和观众的体验。当然,PPT 的动画设置并非随意而为的,有一定的原则要求,它应该是适当、有效、自然和流畅的,应结合主题内容和 PPT 整体风格,恰到好处地设计,无须"刻意为之"。

本章主要从动画的类型、动画的设置和综合动画的设计三个方面进行讲解,学习不同类型的动画在 PPT 设计中所起到的作用,应该如何将动画的设计与内容的呈现完美融合,以及如何综合运用不同动画效果进行全方位、多角度的设计,从而达到提升主题、服务内容、展示特色的目的。

8.1 动画基本类型

PPT 动画的设计如同一个演员上台表演,他的顺序依次是走上舞台→亮相(表演节目)→退出舞台,因此,PPT 动画按照我们常用的设置一般可以分为进入动画、强调动画、退出动画和路径动画,路径动画相对特殊,它可以运用到进入和退出两种动画之中。选中需要设置动画的元素,单击菜单栏中的"动画"选项卡,可以清晰地看到 PPT 预设的动画分成了上述四类,如图 8-1 所示。

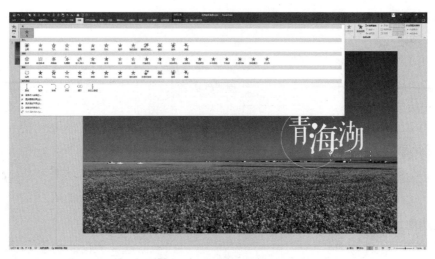

图 8-1　动画的基本类型

8.1.1　基础知识

1．进入动画

在预设动画中,主要设置了一些基本的进入动画效果,包括出现、淡化、飞入、浮入、劈裂、擦除、形状、轮子、随机线条、翻转、缩放、旋转和弹跳等(如图 8-2 所示),除此之外,还有一些进入效果在"添加动画"下拉列表中;单击"更多进入效果"命令,在"添加进入效果"对话框中,进入动画还区分了"基本""细微""温和""华丽"四组(如图 8-3 所示),每一组表示动画的速度和幅度是不一样的,细微动画最平稳柔和,华丽动画最欢快活泼,可以根据 PPT 主题和内容的需要有针对性地选择。

图 8-2　预设的基本进入动画

为让大家能更有针对性地选择所需的动画效果,这里介绍实际操作中较为常用的几种进入动画效果。

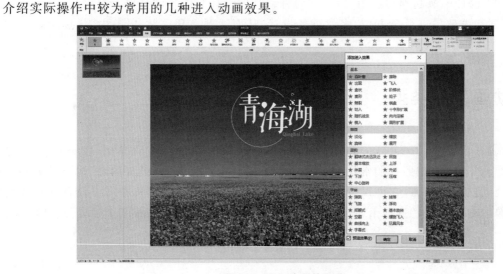

图 8-3　进入动画的区分

淡化。淡化效果是让对象缓缓出现或渐渐隐去，往往给人自然柔和的感觉，淡出时对象与背景、对象与对象之间会有融合效果。淡化效果可以用在一些故事讲述、图片相册、文艺文学类的PPT中，营造一种轻松抒情、柔美自然的意境，如图8-4所示。

图 8-4 淡化动画演示效果

飞入。飞入动画是让对象从画面之外直线运动到指定位置，该效果预设了从4个边及4个角的飞入方向，可以用来设置文字的进入和一些特殊对象的进入，如飞机飞过、汽车直线行驶及物理教学中的一些物体的直线运动效果。图8-5中飞机的进入效果设置为"飞入"，方向为"自左上部"，时间为"2.75s"。图8-6中鸽子的进入效果设置为"飞入"，方向为"自顶部"，时间为"3.00s"。

图 8-5 飞机飞入动画设置

图 8-6 鸽子飞入动画设置

飞机飞入的动画演示效果如图 8-7 所示；鸽子飞入的动画演示效果如图 8-8 所示。

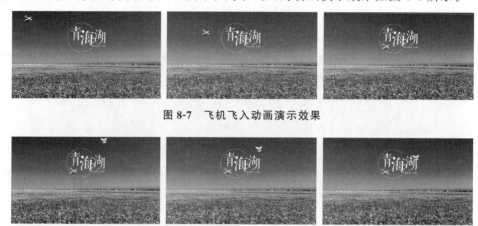

图 8-7　飞机飞入动画演示效果

图 8-8　鸽子飞入动画演示效果

擦除。擦除动画在 PPT 中应用极为广泛，用在文字、图片、图表、形状中均能产生不同的效果，擦除的速度根据需要设置，可快可慢，擦除方向可上下也可左右。

擦除动画用在标题文字的入场中，可以给人自然流畅的感觉，比如从左至右的擦除效果，就比较符合人们的阅读习惯。图 8-9 中将文字动画效果设置为"擦除"，方向为"自左侧"，时间为"2.50s"。由于这里三行文字是在一个文框中输入的，因此在"动画窗格"中，单击该对象右侧的向下箭头，在弹出的下拉列表中单击选择"效果选项"，在弹出的"擦除"对话框中，将"文本动画"选项页的"组合文本"设置为"按第一级段落"出现，如图 8-10 所示。

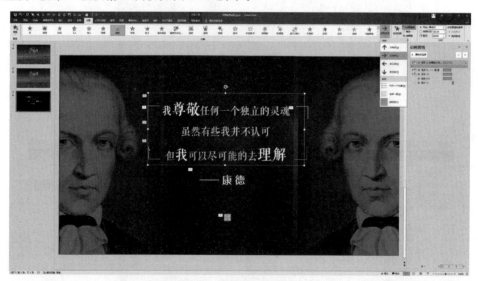

图 8-9　擦除动画设置一

擦除动画演示效果如图 8-11 所示。

轮子。轮子动画是以一个对象中心为圆心，按照扇形方式擦除对象，适用于圆形和半圆形的图形或线条，轮子动画预设中的起点只能从 12 点钟位置开始。轮子动画可以巧妙地用于 PPT 设计雷达扫描效果、区域辐射效果、区域划定和圆形环绕效果等。单击"形状格式"选项卡→"动画"

图 8-10　擦除动画设置二

图 8-11　擦除动画演示效果

功能区→"效果选项"按钮,在弹出的下拉列表中,图 8-12 中设置了"效果选项"中的"1 轮幅图案",图 8-13 中设置了"8 轮幅图案",轮子动画演示效果如图 8-14 所示。

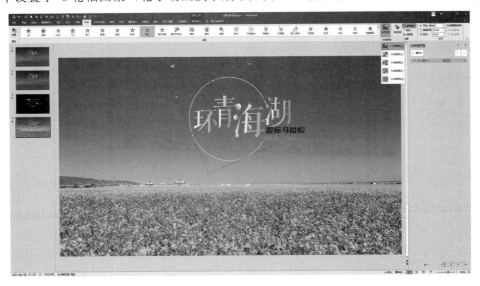

图 8-12　轮子动画设置一

缩放。缩放动画呈现出来的是一个对象由小到大的效果,缩放速度快时能给人较强的视觉冲击力,可用于重点突出或强调的对象,速度慢时则可以营造一种缓缓走来、娓娓道来的感觉。单击

图 8-13　轮子动画设置二

图 8-14　轮子动画演示效果

"形状格式"选项卡→"动画"功能区→"效果选项"按钮,在弹出的下拉列表中,为文字对象"山高路远"设置缩放动画消失点为"对象中心",如图 8-15 所示;为文字对象"山高路远无所畏惧"设置消失点为"幻灯片中心",如图 8-16 所示。缩放动画演示效果见图 8-17。

图 8-15　缩放动画设置一

图 8-16　缩放动画设置二

图 8-17　缩放动画演示效果

2．强调动画

强调动画可以对 PPT 中对象的某一特征进行改变,如对象的大小、颜色的加深或变淡、字体的加粗、对象的透明度等,以达到演示时突出和重点强调某一对象的目的,强调动画类型如图 8-18 所示。图 8-19 中为"1 号能量加油站"对象设置强调效果为"脉冲",重复次数设为"3 次",播放时"1 号能量加油站"呈现出 3 次"脉冲"效果,忽隐忽现,动画演示效果如图 8-20 所示。

图 8-18　强调动画类型

3．退出动画

退出动画在实际中应用较少,它可以在进入、强调动画之后设置,也可以单独设置,有时在一个页面里有很多对象要呈现,但又不能重叠,就可用退出动画效果来实现,当一个对象退出时,另一个对象进入,如同演员上台不冷场,自然衔接。图 8-21 中设置"不如少根筋"退出效果为"缩放",消失点为"对象中心",图 8-22 中设置"有时候,与其多心"退出效果为"收缩并旋转"。动画演示效果如图 8-23 所示。

4．路径动画

路径动画与"飞入""浮入"动画效果相比,给我们提供了更多的可能,它能使对象按照一定的路径进行运动,可以是直线,也可以是曲线或各种任意的多边形,实际操作中我们可以通过路径动

图 8-19　强调动画设置

图 8-20　强调动画演示效果

图 8-21　"缩放"退出动画设置

画制作对象运动的轨迹,如登山路线、参观路线、飞行路线、行军路线等。图 8-24 中沿山脉绘制一条自定义路径,设置水滴形状沿路线运动,在"自定义路径"对话框的"效果"选项页中,设置平滑开

图 8-22　"收缩并旋转"退出动画设置

图 8-23　收缩并旋转动画演示效果

图 8-24　路径动画的设置一

始、平滑结束等参数,勾选"自动翻转"选项。图 8-25 中设置云朵路径动画为"自定义曲线",此处可将标题中"美""村"两字置于云朵的下层,其他文字置于云朵上层,这样就可以实现云朵在标题文字之间穿梭运动,形成空间和层次感,动画演示效果见图 8-26。

图 8-25　路径动画的设置二

图 8-26　路径动画演示效果

8.1.2　项目案例：标题文字进入、强调与退出的动画设计

进入、强调与退出三种动画可以单独使用，也可以三者结合起来使用，以达到更为流畅和自然的动画效果。本案例通过三种动画的组合运用，呈现一个相对完整的动画设计流程，具体操作步骤如下：

（1）框选需要设置动画的标题文字"江南名楼"，单击菜单"动画"选项卡→"高级动画"功能区→"添加动画"按钮，单击选择进入动画"缩放"，如图 8-27 所示。

图 8-27　"缩放"进入动画设置

（2）在标题文字选中的情况下，再次单击"添加动画"按钮，单击选择强调动画"脉冲"，此时我们可以看到，标题文字的左上角标注"1"和"2"字样，表示此时标题文字有两个动画效果，如图 8-28 所示。

图 8-28　"脉冲"强调动画设置

（3）在标题文字选中的情况下，第三次单击"添加动画"按钮，单击选择退出动画"淡化"，此时标题文字的左上角标注"1""2""3"字样，表示标题文字设置了 3 个动画效果，如图 8-29 所示。

图 8-29　"淡化"退出动画设置

（4）从"动画"功能区中可以看到，当前选择的对象为"多个"动画效果；"动画窗格"中显示了绿、黄、红三种颜色的动画，分别代表进入、强调和退出动画，如图 8-30 所示。动画演示效果如图 8-31 所示。

图 8-30 "多个"动画效果

图 8-31 进入、强调、退出动画演示效果

8.1.3 项目案例：定向越野路径的动画设计

本案例主要通过路径动画的设置，表现定向越野目标分布情况，采取的是不规则图形绘制路径。

(1) 单击选择需要设置路径动画的对象小红旗，单击"动画"选项卡→"高级动画"功能区→"添加动画"按钮，在弹出的下拉列表中选择"动作路径"中的"自定义路径"选项，如图 8-32 所示。

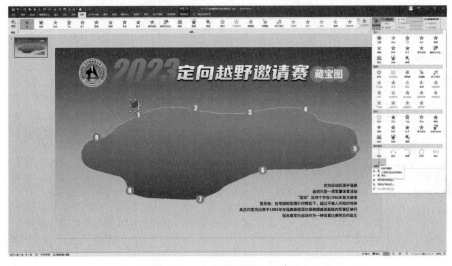

图 8-32 自定义路径动画设置

（2）沿着目标的运动路线绘制动画路径，绘制时确保与原图一致，尽可能自然平滑；绘制完成后，在"动画"选项卡的"计时"功能区中，设置持续时间为"20.00"，如图8-33所示。

图8-33　自定义路径持续时间设置

8.2　动画基本设置

动画效果有很多，不可能所有的对象都设置动画，也不可能所有的动画都用上。PPT该用什么动画？怎么用？需要精心设计。此外，动画的类型虽然有进入、强调和退出之分，但如果我们不给动画一个指令，确定动画什么时候进入，以什么速度进入，什么时机退出，那么动画不可能自然流畅，也谈不上为PPT增色。本节主要就动画的添加、控制及高效制作进行讲解。

8.2.1　基础知识

1．动画添加

动画添加相对来说是比较简单的，这里需要把握一个关键点，如果一个对象只设置一种动画，且只选择PPT预设的基础动画的话，可以不用"添加动画"这个功能。但是在给一个对象设置两种以上动画时，就必须使用"添加动画"功能，如果只是在预设动画里选择多种动画，演示时只能呈现最后设置的那个动画。一个对象设置一种动画如图8-34所示；通过"添加动画"功能，一个对象设置多种动画如图8-35所示。

2．动画控制

动画控制主要是指控制动画的出场顺序、时间、速度等，通过精准的动画设置，确保演讲的节奏与PPT演示完美结合，特别是一些自动播放的PPT，对于动画效果的呈现有着更高的要求。

动画开始播放有三种选择，分别是"单击时""与上一动画同时""上一动画之后"。

单击时。PPT默认新添加的动画都是"单击时"开始，这就需要每一个动画都要单击鼠标、键

图 8-34　一个对象设置一种动画

图 8-35　一个对象设置多种动画

盘或者激光控制笔。若操作不当,不仅会给演讲者增加负担,也容易打乱演讲者的节奏,图 8-36 中对每一行文字进行了不同的动画设置,动画窗口中显示"动画开始"均为"单击时"。如果框选全部对象,然后再设置动画,PPT 默认第一个对象的动画开始时间为"单击时",其他动画的开始时间均为"与上一动画同时",如图 8-37 所示。

与上一动画同时。指的是两个动画同时呈现,是一种同时演示动画的关系,这种动画开始可以用在两个相同或相似的对象需要同时出现时,如甲乙两个同时出发相向而行,声音和文字同步播放,缩放和淡化同时呈现。

(1)选择对象鸽子和雄鹰,单击"动画"选项卡→"高级动画"功能区→"添加动画"按钮,从下拉列表中选择进入动画中的"飞入"效果,设置方向分别为"自左侧"和"自右侧",如图 8-38 所示。

(2)设置雄鹰图片的动画开始为"与上一动画同时",持续时间设为"03.00",如图 8-39 所示。动画演示效果见图 8-40。

图 8-36　所有动画为"单击时"开始

图 8-37　多个对象同时设置动画效果

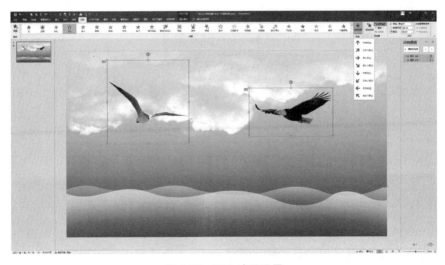

图 8-38　飞入动画设置

图 8-39 动画开始及持续时间设置

图 8-40 "与上一动画同时"演示效果

　　上一动画之后。"上一动画之后"是紧接着上一动画出现的效果,可以自然衔接而无须演讲者单击,比如有些内容下面有很多细的分支,当没有时间去点击或者把握不好出现的节奏时,可以设置成"上一动画之后",让它自动播放就可以了。一张幻灯片切换后,下一张幻灯片的第一个出现的对象可以设置成"上一动画之后",这样可以确保打开页面时无须单击,对象就会出来,从而确保了播放的自然流畅,如图 8-41 所示。

图 8-41 "上一动画之后"动画设置一

　　我们还可以用"自定义路径"动画讲述一个故事,如图 8-42 所示。先设置蝴蝶飞到旅行箱旁边,然后多彩的气球升空,可以理解是蝴蝶启动了开关,一个美好的爱情故事开始了。将动画开始的时机设为"上一动画之后",动画演示效果如图8-43所示。

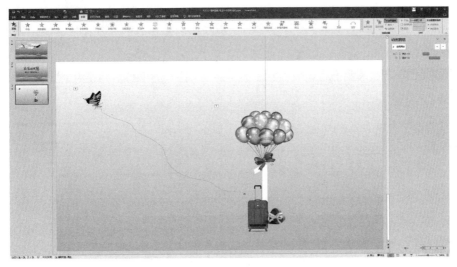

图8-42 "上一动画之后"动画设置二

图8-43 "上一动画之后"演示效果

3．动画复制

有时我们设置一个动画效果需要花很长的时间,很多人会产生疑问?是不是下次要做同样的效果还需要重新设置呢?当然不需要,PPT里自带了一个"动画刷"功能,像"格式刷"一样方便,把原有动画效果复制到一个新的对象上。如图8-44所示,在原有PPT中增加了两个对象,即心形气

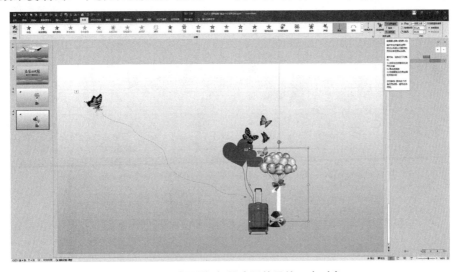

图8-44 "动画刷"复制动画效果给一个对象

球和一群蝴蝶,单击选择喜欢的动画对象圆形气球,然后单击"动画刷",再单击需要同样动画效果的对象心形气球。如果要应用到多个对象,则需要双击"动画刷"后再进行操作,如图 8-45 所示。此外,复制动画对象后,再替换图片素材也可以实现动画的复制,PPT 中有很多的动画效果设置方法,并非一种两种,大家可以举一反三,大胆创新。

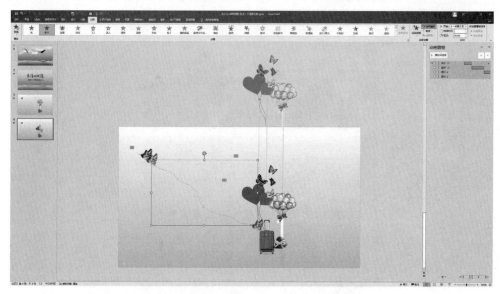

图 8-45   "动画刷"复制动画效果给多个对象

8.2.2   项目案例：片头图片的缩放与延迟动画设计

(1) 插入一张素材图片,单击"图片格式"选项卡→"图片样式"功能区→"图片效果"按钮,在下拉列表中选择"柔化边缘"选项中的"柔化边缘变体""50 磅",效果如图 8-46 所示。

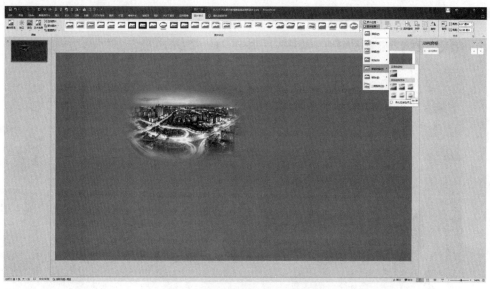

图 8-46   设置图片"柔化边缘"效果

（2）为该图片依次添加进入动画、退出动画效果，均为"缩放"，动画开始均为"上一动画之后"，持续时间均为"02.00"，如图8-47所示。

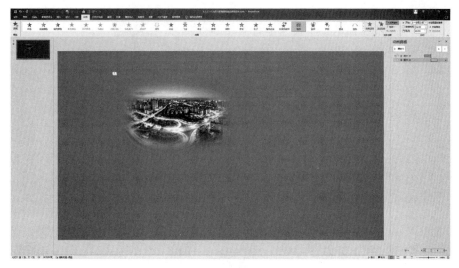

图8-47 进入、退出动画设置

（3）按Ctrl+D组合键，复制并粘贴已经设置动画的图片对象，移动至合适位置，然后替换为另外一张图片，如图8-48所示。

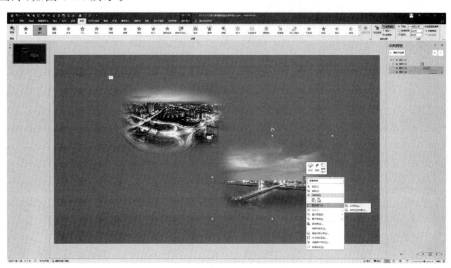

图8-48 替换相应图片

（4）根据需要复制对象和替换图片，注意错落有致地摆放图片；添加标题文本"新时代的十年"，动画效果同样设置为缩放进入，标题最后要留在画面里，可以不需要设置退出动画，如图8-49所示。

（5）图层较多，影响编辑时，可以单击"开始"选项卡→"编辑"功能区→"选择"按钮，在弹出的列表中单击"选择窗格"命令，如图8-50所示；在弹出的"选择"窗格中隐藏或者锁定部分对象后，再进行编辑。

（6）也可以在"选择"窗格中直接拖拽对象，或者单击"上移一层"或"下移一层"箭头按钮，改变图层的顺序，将后面出场的对象置于底层，如图8-51所示。动画演示效果见图8-52。

图 8-49　添加图片和标题文本

图 8-50　"选择窗格"功能

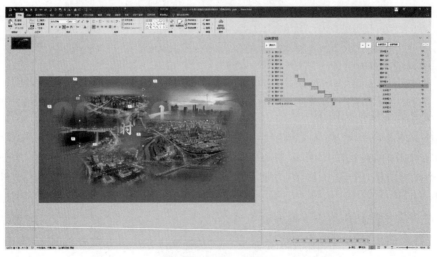

图 8-51　调整图层顺序

图 8-52　动画演示效果

8.2.3　项目案例：图表动画的设计与控制

图表因能够形象直观地反映数据的对比和变化，受到广泛认可，但静态的呈现有时并不能够完美表达其含义，添加动画可以起到很好的辅助作用，让形象直观的图表更加生动，更具观赏性。本案例以某5A级景区游客人数统计图表为例，设计动画效果，具体步骤如下：

（1）单击选择需要设置动画的图表，单击"动画"选项卡→"高级动画"功能区→"添加动画"按钮，在弹出的下拉列表中，选择"进入"中的"擦除"动画，方向为"自底部"，这样可以比较好地表现柱状图的上升效果，如图 8-53 所示。

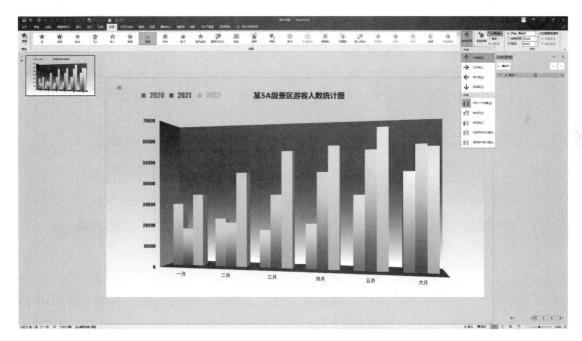

图 8-53　设置图表"擦除"动画

（2）单击"动画"选项卡→"动画"功能区→"效果选项"按钮，选择"序列"中的"按系列"，如图 8-54 所示；"按系列""按类别"的动画演示效果分别如图 8-55、图 8-56 所示。

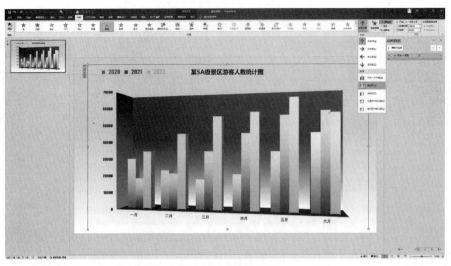

图 8-54　设置图表"按系列"动画

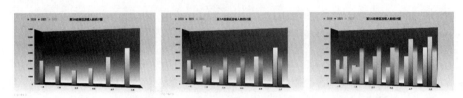

图 8-55　"按系列"动画演示效果

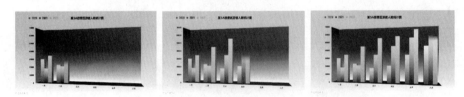

图 8-56　"按类别"动画演示效果

8.3　综合动画设计

　　PPT 不仅可以对文本、图片、图表等对象设置动画效果,同样可以通过"动画窗格"对 PPT 中的音频、视频设置动画效果,使音频、视频的播放与文本、图片等对象有机融合,获得良好的视觉体验。此外,页面切换与动画结合使用也是丰富画面表现力的有效手段。

8.3.1　基础知识

1. 页面切换

　　动画是对一个页面之内的对象进行设置,效果众多,需要掌握的技巧也较多,而幻灯片页面的切换相对简单,主要有三种类型,分别是"细微""华丽""动态内容",如图 8-57 所示。切换是幻灯片与幻灯片之间的一种过渡和转换,在实际操作中应用并不多。有时为了区分几个模块的内容,模块转换时会用一些相对变化较大的切换效果。此外,可以利用切换的效果设计一些特殊的动画,比如用"帘式"切换做舞台的开场,用"页面卷曲"切换做翻书的效果,用"涟漪"切换做水波荡漾的效果等。

图 8-57　切换选项卡

(1) 选择页面切换时,可以对相应的效果进行设置,如"页面卷曲",包括"双左""双右""单左""单右"4 个效果选项,表示一个 PPT 页面可以分为两页和一整页的效果,如图 8-58 所示。

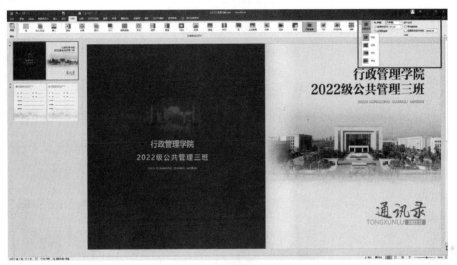

图 8-58　设置"页面卷曲"切换效果一

(2) 切换时,可以对切换的持续时间、是否需要伴随声音和换片的方式进行设置。如要将同一效果应用于所有幻灯片,则单击"应用到全部"按钮;换片方式则分为"单击鼠标时"和"设置自动切换时间"两种;单击展开声音的下拉列表,可以从中选择某一种声音作为切换时的同步声音,如图 8-59 所示。"页面卷曲"切换效果演示如图 8-60 所示。

2. 音频动画

PPT 融合了多种媒体资源,这也是我们通常称 PPT 作品为多媒体作品的原因,一部文本、图片、音频、视频、动画等多种媒体元素结合的 PPT 作品能给人带来全方位的视听体验,也更能形象直观地表达作者意图。音频在 PPT 作品中主要有两种方式呈现, 是作为背景音乐,二是作为动作配音。

背景音乐的设置。背景音乐主要用于幻灯片开头和结尾,开场音乐往往旋律比较欢快,节奏感比较强,营造一种热情融洽的氛围,给听众一种很强的带入感,也就是常说的暖场音乐。当然开场的音乐要与 PPT 演讲的主题一致,调动观众的情绪,例如端庄肃穆、热情奔放或者温情舒缓。

(1) 选择"插入"选项卡→"媒体"功能区→"音频"按钮,从下拉列表中选择"PC 上的音频"或"录制音频",如图 8-61 所示。

图 8-59　设置"页面卷曲"切换效果二

图 8-60　"页面卷曲"切换效果演示

图 8-61　插入音频

（2）插入音频之后，在"播放"选项卡中，可以剪裁音频、设置淡化持续时间、音量、跨幻灯片播放、循环播放等，可以根据需要进行相关设置，如图 8-62 所示。

（3）选择"动画"选项卡→"高级动画"功能区→"动画窗格"按钮，打开"动画窗格"，将"动画窗格"左侧边界线向左拖动，增加"动画窗格"编辑区域，方便动画设置；将音频文件位置移动到页面编辑区的上方，将所有动画开始设置为"与上一动画同时"。因为在这里图片播放起始与背景音乐

图 8-62　音频"播放"选项设置

是一致的,所以它们的动画播放是同一时间内的,一段音乐是一直往下播放的,但图片的播放是有先后顺序的,这时就需要一个动画"延迟"的设置,就是图片在音乐停止播放之前,图片之间可以有先后间隔。具体设置见图 8-63,在"动画窗格"中,通过拖动时间轴调整对象的播放时间点,各对象右侧的矩形色块的长度表示动画时长,可以整体拖动色块或拖拽色块的左右边,改变动画的开始和结束时间。

图 8-63　设置音频的动画效果

（4）为了不影响美观,可以将喇叭小图标移至画面之外,或在"播放"选项卡的"音频选项"功能区中勾选"放映时隐藏",如图 8-64 所示。

（5）录制音频。可以通过内置或外接的麦克风,录制解说和配音。单击"插入"选项卡→"媒体"功能区→"音频"按钮,在弹出的选项中选择"录制音频",然后在弹出的"录制声音"对话框中单击"录制"按钮,即可开始录制声音,如图 8-65 所示。

（6）录制完成后,在"动画窗格"中可以看到"已录下的声音",如图 8-66 所示。根据需要进行相关设置即可。

图 8-64　勾选"放映时隐藏"选项

图 8-65　录制音频

图 8-66　录制的音频出现在"动画窗格"

3. 视频动画

PPT 的视频动画主要是对视频播放进行基本设置，与音频动画相似。

（1）单击"插入"选项卡→"媒体"功能区→"视频"按钮，在弹出的下拉列表中选择"此设备"，从当前计算机中插入一个视频，如图 8-67 所示。

图 8-67　插入视频

（2）插入视频之后，在弹出的"播放"选项卡"播放"选项中，可以对视频进行剪裁、设置淡入与淡出时长、音量、全屏播放、循环播放等，可以根据需要进行相关设置，如图 8-68 所示。

图 8-68　视频"播放"设置

（3）系统默认的视频播放动画开始和停止均为"单击时"，且在播放时点击会出现播放条，这样的话影响美观和视觉体验，当然，我们可以设置视频全屏播放，且在"上一动画之后"播放，这样就流畅多了，如图 8-69 所示。

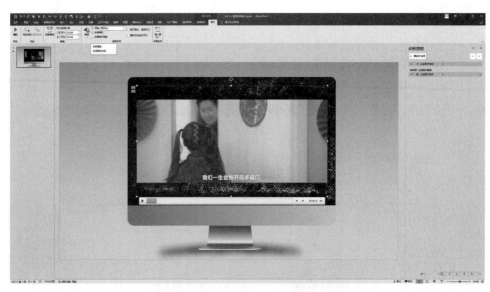

图 8-69　设置全屏播放视频

（4）此外，我们还可以通过视频"触发器"来控制视频播放。单击选择该视频，通过"添加动画"功能，为该视频增加"播放""暂停""停止"3 个动画，然后在幻灯片里插入 3 个操作按钮（可以是文字、图片等对象），如图 8-70 所示。

图 8-70　添加"播放""暂停""停止"动画

（5）单击选择该视频，在"动画窗格"中单击选择第一个动画"播放"；然后单击"播放"选项卡→"高级动画"功能区→"触发"按钮，在下拉列表中单击"通过单击"命令，在弹出的二级下拉列表中选择页面中对应的元素"开始播放按钮"，这样就将该按钮作为触发器，如图 8-71 所示，放映时单击该按钮，即可播放视频；"暂停""停止"两个视频动画也是同样的操作方法，将"暂停播放按钮""停止播放按钮"作为触发，单击按钮即可触发相应的视频动画效果。触发器的设置同样适用于音频播放的控制，如图 8-72 所示。

图 8-71　"触发器"设置

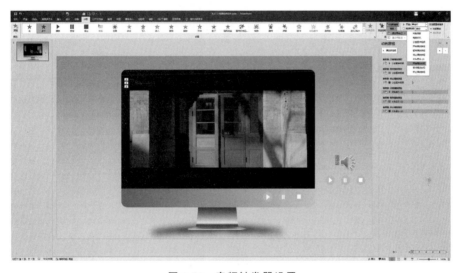

图 8-72　音频触发器设置

8.3.2　项目案例：公司发展时间轴的动画设计

本案例设计某公司四个发展阶段的时间轴，通过动画形象地展示公司的成长历史，具体操作步骤如下：

（1）绘制公司发展时间轴，为了控制时间节点动画，此处以线段方式绘制，每个节点一段。插入直线，颜色设为蓝色（♯4472C4），粗细设为"2.25 磅"；插入圆形置于直线之上，形状填充设为"无填充"，形状轮廓设为蓝色（♯4472C4），粗细设为"1.5 磅"；插入泪滴形，形状轮廓设为"无轮廓"，填充颜色设为橙色（♯FF9933）；插入文本框，输入年份月份，字体设为"Impact"，字号设为"20"；插入文本框，输入公司大事，字体设为"思源黑体"，字号设为"14"，如图 8-73 所示。

（2）在"动画"选项卡中，设置第一根时间线段的动画为"擦除"，方向为"自左侧"，开始为"单击时"，如图 8-74 所示。

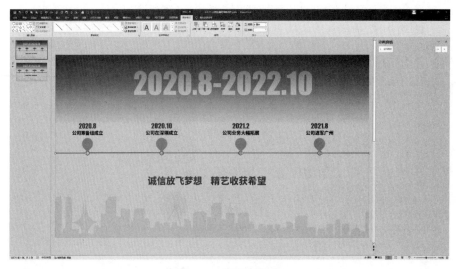

图 8-73　绘制时间轴

图 8-74　时间轴线动画设置

（3）设置泪滴形的动画为"浮入"，方向为"下浮"，开始为"上一动画之后"，如图 8-75 所示。

（4）组合年份月份和公司大事两个文本框，设置动画为"缩放"，"效果选项"中的消失点选为"对象中心"，开始为"上一动画之后"，如图 8-76 所示。

（5）依次设置第一页其他时间节点对象的动画效果，如图 8-77 所示；设置第二页对象的动画效果，如图 8-78 所示。为了让页面切换时更流畅，第二页幻灯片中的第一根线段可以不设置动画效果。

（6）在 PPT 页面视图窗格中，单击选择需要设置切换的幻灯片缩略图；单击"切换"选项卡→"切换到此幻灯片"功能区，从中选择"动态内容"类别中的"平移"，如图 8-79 所示。动态内容指的是幻灯片切换时只对页面中可编辑的对象起效果，幻灯片母版中的对象保持不动，即页面中的渐变背景、城市剪影、文字"2020.8—2022.10"、文字"诚信放飞梦想 精艺收获希望"等均保持不动，在播放时就可以看到只有时间轴及相关对象在移动，其他对象均为静止。效果选项设为"自右侧"，如图 8-80 所示。切换效果演示如图 8-81 所示。

图 8-75　设置泪滴形的动画

图 8-76　设置组合文本框的动画

图 8-77　依次设置其他对象的动画

图 8-78 设置第二页对象的动画

图 8-79 选择"平移"切换

图 8-80 设置"平移"切换方向

图 8-81 "平移"切换效果演示之一

（7）将第二页幻灯片中的动画效果删除，呈现不一样的"平移"效果，如图 8-82 所示。

图 8-82 "平移"切换效果演示之二

（8）调整时间轴方向为竖线，不设置对象动画，"平移"切换的效果选项设为"自底部"，如图 8-83 所示。

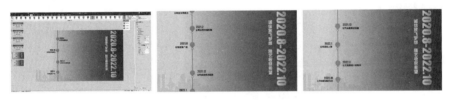

图 8-83 时间轴为竖线的"平移"切换效果演示

8.3.3 项目案例：成果展示参观路线动画设计

本案例为一份主题为"绿色青山就是金山银山"的生态环境保护成果展 PPT 页面，设置参观路线的动画效果，形象地展示路线上的各个展览点，具体操作步骤如下：

（1）设置标题的动画效果为"劈裂"，效果选项为"中央向上下展开"，开始为"上一动画之后"，如图 8-84 所示。

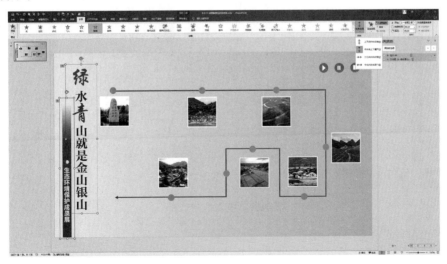

图 8-84 设置标题的动画效果

（2）设置圆点和图片的动画效果为"缩放"，效果选项中的消失点设为"对象中心"，如图 8-85 所示。其他圆点和图片依次设置这种动画效果。

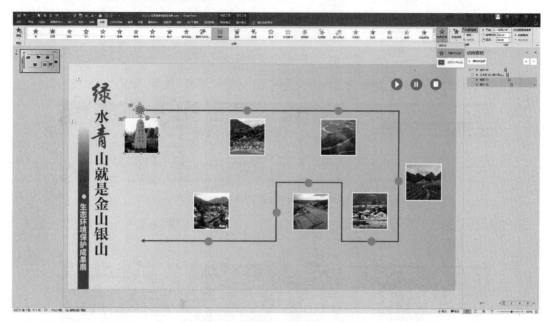

图 8-85 设置圆点和图片的动画效果

（3）设置线条动画的效果为"擦除"，各条直线依据走向选择"自左侧""自右侧""自顶部""自底部"其中之一，如图 8-86 所示。

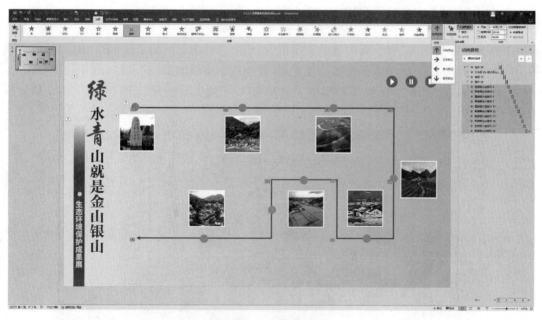

图 8-86 设置线条动画

（4）在"动画窗格"中，调整动画顺序，使路线与圆点和图片依次衔接流畅，如图8-87所示。

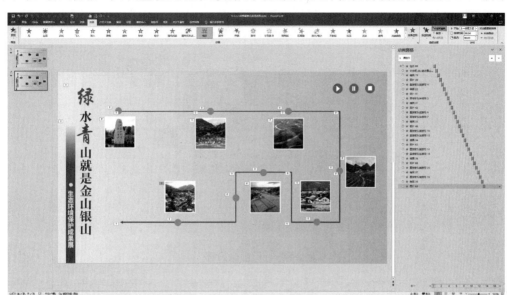

图 8-87　调整动画顺序

（5）插入一个音频文件，作为背景音乐；在"播放"选项卡中，勾选"跨幻灯片播放"选项和"循环播放，直到停止"选项，如图8-88所示。

（6）插入3个图标，分别为"开始播放按钮""暂停播放按钮""停止播放按钮"；通过"添加动画"按钮，为该声音添加"播放""暂停""停止"动画；分别为3个动画设置"触发器"为对应的3个图标，如图8-89所示。在幻灯片放映状态下，可以通过单击按钮图标，控制声音的播放、暂停和停止。参观路线动画效果演示如图8-90所示。

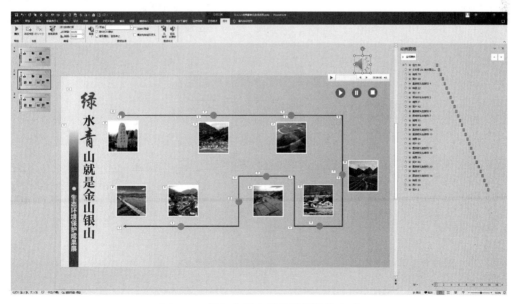

图 8-88　添加背景音乐并设置播放方式

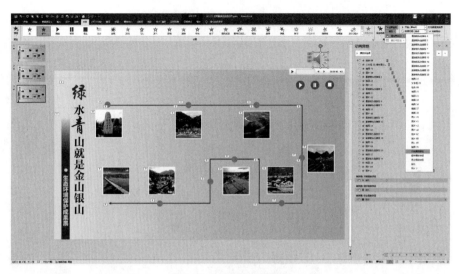

图 8-89　设置"触发器"

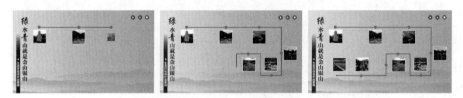

图 8-90　参观路线动画效果演示

第9章

主 题 案 例

素材

本章概述

　　主题是 PPT 设计的服务对象和终极指向,尽管 PPT 的主题包罗万象,但是总在特定的情境和场合下应用,有着特殊的设计目标要求,例如教学类主题 PPT 追求形象生动,工作类 PPT 追求严谨细致,商业类 PPT 追求专业可信。这就决定了 PPT 在文字设计、形状应用、图片排版、颜色搭配等方面形成统一的、符合主题的整体风格,以提高 PPT 的演示效果,在形式和内容的统一之中体现特定场合的主题特点。

学习目标

　　1. 区分并总结多种主题 PPT 的风格特点。

　　2. 利用形状提高文本信息可视化程度。

　　3. 设计多种图文搭配的样式效果。

学习重难点

　　1. 多种形状的灵活应用。

　　2. 基于主题的配色方法。

　　3. PPT 的创意设计。

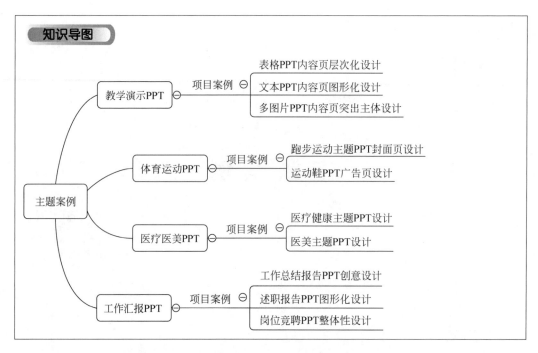

PPT 设计展示的目的是在某个应用场景为了特定的主题服务,重点展示主题内涵和特质。例如,教学演示 PPT 展示教学内容的内在逻辑和知识体系,商业产品推介 PPT 突出产品的性能特点和优势特色,医疗美容 PPT 呈现服务的专业性,体育运动 PPT 凸显运动的速度感和力量感,工作汇报 PPT 展现工作的细致严谨。本章将讲述教学演示、体育运动、医疗医美、工作报告等主题场景的 PPT 项目案例,从操作技能和设计思路两方面讲解设计制作全过程。

9.1 教学演示 PPT

教学演示 PPT 是为了教学目标实现而设计的教学媒体和辅助手段。无论是课堂教学,还是在线课程,教学 PPT 都是不可或缺的重要资源。然而,当前相当多的教学课件存在着"教材搬家"等简单复制的问题,极大地影响信息传递效率和教学效果。

为了改进教学演示 PPT,本节针对表格、纯文本、多图片等三种类型的教学 PPT 页面,利用梯形、立方体、圆角矩形等多种形状进行改进设计,在版式布局、展示层级关系、聚焦重点等方面强化视觉效果,提高 PPT 页面的整体设计感和可视化程度。

9.1.1 项目案例:表格 PPT 内容页层次化设计

本案例对教学课件 PPT 的表格内容页进行再设计,利用梯形对教学内容区分层级,利用立方体延展文字内容,将原本利用文字和表格展示的内容进行层次化设计,提高复杂教学内容的辨识度。具体操作步骤如下:

(1) 打开一份介绍 TCP/IP 的 PPT 原稿,页面中采用表格展示层次关系,视觉效果不够鲜明,如图 9-1 所示。

（2）插入一个立方体。单击"插入"选项卡→"插图"功能区→"形状"按钮，在弹出的下拉列表中，单击选择"基本形状"中的"立方体"，在"设置形状格式"窗格中，将立方体的"填充"设为"渐变填充"，"角度"设为"90°"，"渐变光圈"的滑块颜色均设为标准色中的浅蓝色（♯00B0F0），"透明度"分别设为"100％"和"0％"，即从透明渐变到不透明。在立方体形状中编辑文字，字体设为"微软雅黑"，字号设为"24"，颜色设为白色；复制立方体并输入各个协议名称，完成效果如图9-2所示。

图 9-1　PPT 原稿之一

图 9-2　插入立方体

（3）将 PPT 页面背景设为标准色中的深蓝色（♯002060），插入文本框，输入各网络层的名称，字体设为"等线"，字号设为"24"，颜色设为白色；插入直线，用于区分各个网络层级。使用直线划分层级是常用的普通方法，但视觉效果不够强烈，如图9-3所示。

（4）将直线删除，插入梯形，置于底层，在"设置形状格式"窗格中，将新插入的梯形的填充设为"渐变填充"，角度设为"90°"，渐变光圈的两个停止点的颜色均设为蓝色（♯3A6FCE），"透明度"分别设为"100％"和"0％"，即从透明渐变到不透明。将"应用层""传输层"等文本框旋转角度，与梯形的左边缘平行；单击选择立方体，拖拽黄色控制点，适当压缩立方体的高度。完成的效果如图9-4所示。

图 9-3　利用直线区分层级的效果

图 9-4　利用梯形区分层级的效果

9.1.2　项目案例：文本 PPT 内容页图形化设计

视频讲解

本案例对教学课件 PPT 的纯文字内容页进行再设计，利用圆角矩形凸显关键词，利用梯形展现包含关系，将纯文字的内容页进行图形化设计，可以清晰展示看似复杂的教学内容。具体操作步骤如下：

（1）打开一份介绍人工智能自然语言处理的 PPT 原稿，页面中的纯文本不利于展示文本内容之间的关系，大段文字也不利于阅读，如图9-5所示。

（2）将页面背景设为深蓝黑色（♯001214）；将主标题"自然语言处理"字体颜色设为从深蓝色（♯0070C0）到蓝色（♯00B0F0）的渐变填充；插入圆角矩形，编辑输入文本，展示二级目录内容，左侧的 5 个圆角矩形填充颜色设为蓝色（♯0094C8）到深蓝色（♯005DA2）的渐变填充，右侧的 5 个圆角矩形填充颜色设为白色,如图 9-6 所示。

图 9-5　PPT 原稿之二

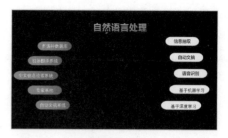

图 9-6　设置背景颜色及二级目录内容

(3) 插入两个圆形,并使之部分重叠,再插入两个文本框,分别输入文字"应用案例""主要技术",为主题的两个方面,字体设为"微软雅黑",字号设为"24";插入两张图片,适当裁剪,拖拽放置在两个圆形的中心位置,如图 9-7 所示。

(4) 插入一个梯形,适当旋转并拖拽黄色控制点,使其两个底边长度大致和圆形及二级目录的圆角矩形吻合;在"设置形状格式"窗格中,将梯形的"填充"设为"渐变填充","角度"设为"90°","渐变光圈"的滑块颜色均设为蓝色(♯0091FE),"透明度"分别设为"0％"和"100％",即从不透明渐变到透明的效果。复制这个梯形,单击"形状格式"选项卡→"排列"功能区→"翻转"按钮,在弹出的下拉列表中选择"水平翻转"。将两个梯形置于底层,分别覆盖两侧的圆角矩形。完成的效果如图 9-8 所示。

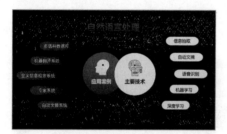

图 9-7　插入两个圆形

图 9-8　完成的效果

本案例通过设置梯形的透明度渐变效果,清晰地展示一级目录到二级目录的层级包含关系,将大段的纯文字内容设计成可视化的图形,使得教学内容易于辨识。

9.1.3　项目案例:多图片 PPT 内容页突出主体设计

视频讲解

本案例对教学课件 PPT 的多图片内容页进行再设计,利用梯形设计聚光灯效果,利用立方体设计书籍的立体效果,突出展现多图片内容页的主体。具体操作步骤如下:

(1) 打开一份介绍出版教材的 PPT 初稿,页面中将出版的教材图片并排放置,中规中矩,没有特色,如图 9-9 所示。

(2) 插入一张金色站台的图片,并复制两份,置于教材图片的下方;插入一个梯形,在"设置形状格式"窗格中,将梯形的"填充"设为"渐变填充",两个停止点的颜色均设为金黄色(♯F7DF64),"透明度"分别设为"0％"和"100％",即从不透明渐变到透明,角度设为"90°",效果如图 9-10 所示。

图 9-9 PPT 原稿之三

图 9-10 插入站台图片及梯形

（3）单击选择梯形，在"设置形状格式"窗格中，单击展开"形状选项"的"效果"选项卡，设置梯形的"柔化边缘"，"大小"设为"35 磅"，获得一种边缘羽化的效果，展示了柔和的灯光效果，效果如图 9-11 所示。

（4）右击梯形，在弹出的快捷菜单中选择"剪切"，然后右击页面空白处，在弹出的快捷菜单中选择"粘贴选项：图片"，这样就将形状转变成了图片。

（5）单击选择梯形图片，单击"图片格式"选项卡→"调整"功能区→"艺术效果"按钮，在弹出的下拉列表中单击选择"第三行第三个"效果，即"胶片颗粒"，制作出颗粒状的灯光效果。

（6）插入立方体，单击"插入"选项卡→"插图"功能区→"形状"按钮，在弹出的下拉列表中，单击选择"基本形状"中的"立方体"，填充颜色设为白色，形状轮廓设为"无轮廓"，叠加在教材封面图片之后，制作出书籍的立体效果。完成的效果如图 9-12 所示。

图 9-11 设置梯形的柔化边缘效果

图 9-12 完成的效果

9.2 体育运动 PPT

体育运动主题 PPT，要表现青春活力和运动激情，展示运动的速度和力量。本节详解两个体育运动主题 PPT 的设计过程，一个是介绍跑步的技巧与练习的 PPT 封面页，另一个是运动鞋 PPT 广告页。采用的设计元素既有运动员、运动场、运动鞋等图片素材，也有夸张的字母设计和形状，更有设计的创新思路。

9.2.1 项目案例：跑步运动主题 PPT 封面页设计

本案例以"运动给我活力"作为主题，副标题为"跑步的技巧与练习"，从运动员身上衣服拾取颜色作为主色调，标志性字母 R 和副标题背景图形均采用该种颜色，将红色的跑道图片用灰度处理，使得整体页面色调统一，具体操作步骤如下：

视频讲解

（1）打开 PPT 原稿，这是一份介绍跑步运动的 PPT 封面页，如图 9-13 所示。

（2）将青色的矩形删除，输入文本大写字母 R，颜色同样设为青色，字号设为"595"，将其置于底层，效果如图 9-14 所示。

图 9-13　PPT 原稿封面页

图 9-14　输入字母 R

（3）单击选择运动员图片，按 Ctrl+D 快捷键，将其复制一份，效果如图 9-15 所示。

（4）单击选择复制的运动员图片，单击"图片格式"选项卡→"调整"功能区→"删除背景"按钮，使用"标记要删除的区域"画笔，将运动员的下半身涂抹，紫色的部分就是将要被删除的区域，效果如图 9-16 所示。

图 9-15　复制运动员图片

图 9-16　删除运动员下半身

（5）将原始的运动员图片置于底层，大写字母 R 置于中间层，删除了下半身区域的运动员图片置于顶层，同时使用取色器，从运动员衣服上拾取颜色，将大写字母 R 的文本填充颜色设为蓝色（♯08C9F7），副标题的背景矩形的填充颜色也设为同样的蓝色（♯08C9F7），效果如图 9-17 所示。

（6）为了烘托运动氛围，插入一张跑道图片，并置于底层，然后设置背景格式，将背景设为灰色（♯F2F2F2），即主题颜色下方的"白色，背景 1，深色 5％"，透明度设为"31％"，效果如图 9-18 所示。

图 9-17　设置字体和矩形填充颜色为蓝色

图 9-18　插入跑道图片

（7）单击选择跑道图片，单击"图片格式"选项卡→"调整"功能区→"颜色"按钮，在弹出的下拉列表中，单击选择"重新着色"中的"浅灰色，背景颜色 2 浅色"，然后在"设置图片格式"窗格中，在

"图片"选项页中,将其"透明度"设为"88％",效果如图 9-19 所示。

（8）将运动员图片再复制一份,然后在"设置图片格式"窗格中,在"图片"选项页中,将其"亮度"设为"100％",这样该图片就成了纯白色,并将其缩小置于副标题的左侧,在蓝色的矩形背景之上,作为一个小图标,起着装饰点缀的作用。插入一个矩形,填充颜色设为蓝色(♯08C9F7),置于页面右上角,最后完成的效果如图 9-20 所示。

图 9-19　将跑道图片重新着色为浅灰色

图 9-20　完成的效果

本案例采用单色系设计,以蓝色作为主色调,搭配黑白灰等中性颜色,整体页面和谐统一,从素材图片中拾取颜色是设计的常用技法。大写字母 R 来自于跑步的英文单词 Run 首字母,通过删除背景的方式,设计出运动员奔跑"破窗"的效果,体现了跑步运动的速度感。

9.2.2　项目案例: 运动鞋 PPT 广告页设计

视频讲解

本案例采用蓝色和橙色的对比色,为某品牌运动鞋设计一份 PPT 广告页,从运动鞋上拾取蓝色和橙色作为主色调,改进 PPT 原稿的视觉效果。具体操作步骤如下:

（1）打开一份某品牌运动鞋 PPT 原稿,该 PPT 页面采用从蓝色到橙色的渐变色作为背景,颜色显得不是那么干净,效果如图 9-21 所示。

（2）将渐变色背景删除,效果如图 9-22 所示。该品牌运动鞋颜色(橙色和蓝色)的饱和度较高。将作为设计的主色调。

图 9-21　PPT 原稿

图 9-22　删除背景

（3）插入一个矩形,单击"形状格式"选项卡→"插入形状"功能区→"编辑形状"按钮,在弹出的下拉菜单中选择"编辑顶点"命令,将矩形右下角的黑色顶点往左拖拽,使矩形的右边倾斜,效果如图 9-23 所示。

（4）使用取色器,在 Logo 图片上拾取颜色,将该编辑过的矩形(实际为梯形)颜色填充为深蓝色(♯000066);再插入一个矩形,同样使用取色器,在运动鞋图片上拾取颜色,将该矩形填充为橙色(♯FC7732),并将该矩形置于底层,效果如图 9-24 所示。

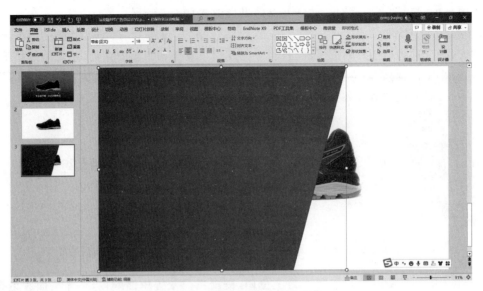

图 9-23　编辑矩形的右下角顶点

（5）单击选择运动鞋图片，将其旋转一定的角度，使之由原来的水平放置，改为倾斜放置，并与矩形的右边交叉一定的角度，效果如图 9-25 所示。

图 9-24　填充矩形的颜色

图 9-25　让运动鞋旋转倾斜

（6）单击选择文字"专业跑步鞋让运动更畅快"，将文字分为两行，字体设为"汉仪综艺体简"，字号设为"48"，颜色设为白色，并将字体设为斜体，效果如图 9-26 所示。

（7）插入一张运动员跑步图片，效果如图 9-27 所示。

（8）单击选择运动员图片，在"设置图片格式"窗格的"图片"选项页中，在"图片校正"一栏中，将该图片的亮度设为"100％"，这样该图片变为白色，将该图片适当缩小，并拖拽置于说明文字的左侧，效果如图 9-28 所示。

图 9-26　修改文字字体属性

（9）插入一个文本框，输入文字"RUNNING"，字体设为"方正大黑简体"，字号设为"138"，颜色设为白色，将文本加粗，并设为倾斜；在"设置形状格式"窗格的"文本"选项页的"文本填充与轮廓"中，在"透明度"一栏中，将该文本的透明度设为"88％"，如图 9-29 所示。

图 9-27　插入运动员图片

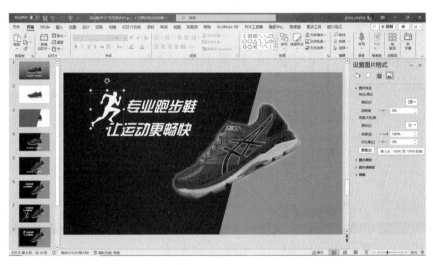

图 9-28　图片亮度设为"100％"

图 9-29　设置半透明的文字

（10）将半透明度文本置于运动鞋图片的下方，放映该幻灯片，最后完成的效果如图 9-30 所示。

本案例采用对比色设计，将蓝色和橙色作为主色调，与运动鞋上的蓝色和橙色条纹形成了呼应。页面整体和谐统一，简洁干脆，倾斜的矩形边缘和运动鞋呈现出动感，饱和度较高的撞色设计给人留下深刻印象。

图 9-30　完成的效果

9.3　医疗医美 PPT

医疗医美主题 PPT 页面设计应突出简洁大方、专业性强的特点，在用色和素材设计上有特殊之处。医疗健康主题 PPT 一般采用绿色、青色、蓝色作为主色调；医美主题 PPT 一般采用接近肤色的颜色作为主色调。本节案例应用配色网站，选取合适主题的颜色作为主色调，将文字、形状、图片和配色融为一体，很好地展示主题特点。

9.3.1　项目案例：医疗健康主题 PPT 设计

视频讲解

本案例应用 Adobe Color CC 为医疗主题 PPT 的封面页配色，拿捏不准配色的学习者可以从中学习到配色的技巧和常见颜色的搭配。具体步骤如下：

（1）打开浏览器，在地址栏输入网址：https://color.adobe.com/。

（2）单击选择左上角菜单中第二个菜单"撷取主题"（该命令为繁体字），然后将图片素材拖放到中间的虚线框内（如图 9-31 所示），或者单击"選取檔案"链接（该链接为繁体字），在弹出的"打开"对话框中，选取要提取颜色的图片素材。

图 9-31　"撷取主题"界面

（3）该网站自动提取图片的主要颜色，这里默认是使用"彩色"的色彩情景撷取颜色。一共提取了 5 种颜色，颜色的十六进制代码分别为 ＃ BF3990、＃508BBF、＃3B668C、＃B3DAF2、

♯A6796F,如图 9-32 所示。

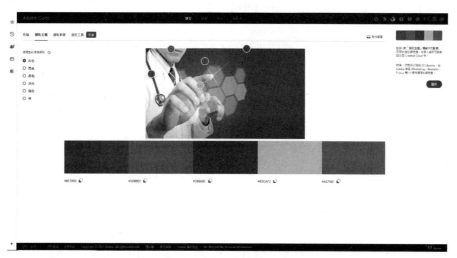

图 9-32　撷取图片的颜色

（4）打开 PowerPoint 软件,插入一张医护人员图片作为背景,插入一个文本框,输入文字"护理管理"作为标题,标题文字颜色选用图片提取出来的深蓝色(♯3B668C),但与背景图片的部分区域对比反差不够明显,如图 9-33 所示;如果选用提取出来的浅蓝色(♯B3DAF2),同样与背景图片的部分区域对比反差不够明显,如图 9-34 所示。

图 9-33　深蓝色标题文字效果

图 9-34　浅蓝色标题文字效果

（5）插入一个六边形,形状轮廓设为"无轮廓",形状填充颜色设为白色(♯FFFFFF);将其复制一份,形状填充颜色设为灰色(♯F2F2F2),即主题颜色下方的"白色,背景 1,深色 5%",拖拽适当缩小,让两个六边形重叠,然后组合,并复制 3 份;将标题文字"护理管理"分成 4 个独立的文本框,叠加深蓝色(♯3B668C)的标题文字的效果如图 9-35 所示;叠加紫红色(♯BF3990)的标题文字的效果如图 9-36 所示。

图 9-35　六边形叠加深蓝色文字

图 9-36　六边形叠加紫红色文字

9.3.2 项目案例：医美主题 PPT 设计

PPT 图文配色和谐，整体协调，能够增进观众对主题的认同。本案例使用 Adobe Color CC，为一份主题为"医美让生活更美好"的 PPT 设计背景图片、形状及文字的配色，具体步骤如下：

(1) 在浏览器中打开网址 https://color.adobe.com/，采用"撷取主题"命令，使用"柔和"的色彩情景，将图片(如图 9-37 所示)导入到网站中，提取素材图片的颜色。一共提取了 5 种颜色，颜色的十六进制代码分别为♯D99A9F、♯7E84F2、♯A67F68、♯D9C4B8、♯0D0D0D，如图 9-38 所示。

图 9-37 素材图片

(2) 打开一份主题为"医美让生活更美好"的 PPT 原稿，如图 9-39 所示，该 PPT 页面以青色和蓝色为主色调，这种冷色调与主题不吻合。

图 9-38 撷取图片的颜色

(3) 参考提取出来的近似皮肤的橙色(♯D9C4B8)，单击选择青色的背景图片，单击"图片格式"选项卡→"调整"功能区→"颜色"按钮，在弹出的下拉列表中，选择"重新着色"中的"橙色，个性色 6 浅色"选项，效果如图 9-40 所示。

图 9-39 PPT 原稿

图 9-40 将背景图片重新着色

(4) 将 PPT 页面中的对角圆角矩形的填充颜色设为棕色(♯A67F68)，即图片提取出来的第 3 种颜色，副标题文字"打造更完美的自己"颜色也设为此种颜色，效果如图 9-41 所示。

(5) 插入人像图片(PNG 格式)，将该图片置于 PPT 页面的左侧；主标题字体设为"微软雅黑",字号设为"32";副标题字体设为"方正姚体",字号设为"28",标题置于 PPT 页面的右侧,注意人物的视线往右,与右侧的标题文字正好呼应,效果如图 9-42 所示。

图 9-41　修改文字和形状的颜色

图 9-42　左图右文排版

（6）插入宣传词"预见明天　遇见美好",字体设为"微软雅黑",字号设为"14",颜色设为黑色;文字右侧两侧各插入一个直角三角形,适当旋转角度,将填充颜色设为棕色（♯A67F68）,效果如图 9-43 所示。

（7）插入一个 Logo 图形,该图片为蓝色的双手和红色的爱心,将其重新着色为"橙色,个性色 6 浅色",最后完成的效果如图 9-44 所示。

图 9-43　插入宣传词及三角形

图 9-44　插入 Logo 图形

本案例使用配色网站工具 Adobe Color CC,通过提取素材图片中的主要颜色,为色彩搭配提供了参考依据,从而使得 PPT 页面整体协调融洽。图文颜色搭配上的呼应和映衬,能够极大地改进 PPT 页面的视觉效果,提升设计的专业性和整体美。

9.4　工作汇报 PPT

工作汇报 PPT,既要体现工作总结的严肃性,又要体现一定的设计感。好的 PPT,既能形象化地展示工作的突出成绩,又能使人信服 PPT 的内容。无论是政府工作汇报,企业工作总结,还是教学工作汇总,工作汇报 PPT 都非常重要。工作汇报绝不是干巴巴的大段文字,也不是图片的简单堆砌,而是图文结合的创意设计,是内容的严肃性和形式的活泼性的统一。

9.4.1　项目案例:工作总结报告 PPT 创意设计

视频讲解

一份有文无图的 PPT 封面页,结合形状和图片,可以利用编辑形状顶点的方法,改变常见的形状,创造出别致的视觉体验,具体方法步骤如下:

（1）打开一份主题为"2021 年度工作总结报告"的 PPT 原稿,该 PPT 封面页过于简化,无法给人留下令人深刻的印象,如图 9-45 所示。

（2）删除原有的矩形背景,插入一个矩形,将标题文字移动到页面下方位置,如图 9-46 所示。

图 9-45　工作总结报告 PPT 原稿

图 9-46　插入一个矩形

（3）右击矩形,在弹出的快捷菜单中选择"编辑顶点"命令,将光标移动到矩形下边缘的中心位置,右击,在弹出的快捷菜单中选择"添加顶点"命令,单击并按住新建的顶点,向下拖拽,使矩形修改成五边形,如图 9-47 所示。

图 9-47　添加并移动顶点

（4）单击选中新建的五边形,按 Ctrl+D 组合键,复制该五边形,如图 9-48 所示。

（5）在"设置形状格式"窗格中,将上层的五边形向上移动,并设置形状格式为"纯色填充",填充颜色设为蓝色（♯0F6FC6）,"透明度"设为"48％",形成半透明的效果;将下方的五边形形状格式设为"图片或纹理填充",单击"图片源"下方的"插入"按钮,在弹出的"插入图片"对话框中,选择一张建筑图片作为图片填充,将向下偏移设为"−50％",使图片在五边形形状中正常比例显示,完成效果如图 9-49 所示。

图 9-48　复制五边形

（6）将主标题文字字体设为"微软雅黑",字号设为"66",颜色设为深蓝色（♯0B5395）;将副标题文字字体设为"楷体",字号设为"44",颜色设为白色,置于页面上端;汇报人文字字体设为"楷体",字号设为"28",颜色设为深蓝色（♯0B5395）,完成效果如图 9-50 所示。

图 9-49 设置五边形填充

图 9-50 修改标题文字字体字号

（7）复制上层的半透明五边形，单击"形状格式"→"排列"功能区→"旋转"命令，在弹出的下拉菜单中，单击选择"垂直翻转"命令，将复制的五边形垂直翻转后，拖拽移动到页面的下方，与页面下边缘对齐，适当调整压缩它的高度，最后完成的效果如图 9-51 所示。

（8）可以根据行业特点选择合适的图片和主色调，如果是农业主题，可以选择绿色为主色调，选择稻穗图片作为形状填充，完成效果如图 9-52 所示。

图 9-51 蓝色主色调效果

图 9-52 绿色主色调效果

本案例利用顶点编辑功能设计创意设计独特的形状，利用形状填充设计图片的外形，从而实现 PPT 封面页图文融合和排版构图，设计出版面布局灵活的工作报告 PPT。

9.4.2 项目案例：述职报告 PPT 图形化设计

视频讲解

本案例采用合并形状的方式，设计述职报告 PPT 封面页和结束页的页面布局，采用空心弧和不完整圆来设计表现业绩增长情况，具体方法步骤如下：

（1）一个述职报告 PPT 封面页，采用白色半透明的矩形作为标题的背景，同时能够隐约可见图片背景，这个封面页对称布局、中规中矩、四平八稳，如图 9-53 所示。

（2）插入一个矩形和一个圆形，覆盖整个页面，形状的填充颜色设为蓝色（♯4472C4），如图 9-54 所示；单击选择圆形，按 Ctrl＋D 组合键，复制圆形。

（3）首先单击选择圆形，然后按住 Ctrl 键，单击选择矩形，单击"形状格式"选项卡→"插入形状"功能区→"合并形状"按钮，在下拉列表中选择"剪除"命令，效果如图 9-55 所示。

图 9-53 PPT 封面页

（4）将复制的圆形，设置形状填充为"纯色填充"，填充颜色设为白色（♯FFFFFF），形状轮廓设为"无轮廓"，透明度设为"38％"；合并形状获得的特殊形状的颜色依然为蓝色，并将其透明度设为"59％"，这样原有背景图片隐约显示，但又不会干扰后续添加的文字信息，效果如图 9-56 所示。

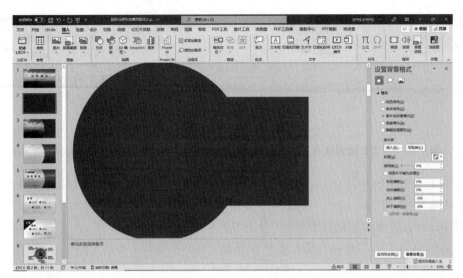

图 9-54 插入矩形和圆形

图 9-55 "剪除"合并形状的效果

图 9-56 设置半透明的效果

(5) 添加标题、汇报人、目录等文字信息;插入一张 Logo 图片,置于页面的左上角;插入两个文本框,分别输入主题文字"开拓进取 砥砺前行"及其拼音字母,其中中文字体设为"楷体",字号设为"24",颜色设为标准色中的蓝色(♯0070C0),拼音字母字体设为"华文中宋",字号设为"14",颜色也设为蓝色(♯0070C0);主标题"述职报告"字体设为"微软雅黑",字号设为"54","文本填充"选择"渐变填充",颜色设为从深蓝色(♯003F77)到蓝色(♯0072CE)的渐变,"角度"设为"90°",效果如图 9-57 所示。

(6) 在结束页,采用同样的方法,对插入的矩形和圆形进行合并形状,将矩形剪除掉一个 1/3 的圆形,获得一个特殊的形状,将填充颜色设为白色,"透明度"设为"38%";添加"汇报结束"等致谢语,另外,在"汇报结束"文字的两侧添加从白色到蓝色的颜色渐变的矩形,完成效果如图 9-58 所示。

图 9-57 插入 PPT 的标题等文字

图 9-58 结束页的效果

（7）述职汇报 PPT 内容页,用形象化的形状表达业绩增长数字。方法 1:单击"插入"选项卡→"插图"功能区→"形状"按钮,在弹出的下拉菜单中选择"基本形状"中的"空心弧",在页面编辑区拖拽鼠标绘制出 3 个空心弧,通过调整黄色控制点,调节空心弧的弧度,分别为 90°、180°和 270°;通过调整白色控制点,调整空心弧的大小;插入 3 个圆形,编辑文字并输入相应的成绩增长率百分比,圆形的"形状轮廓"设为"无轮廓",填充颜色设为蓝色(♯0070C0),完成效果如图 9-59 所示。

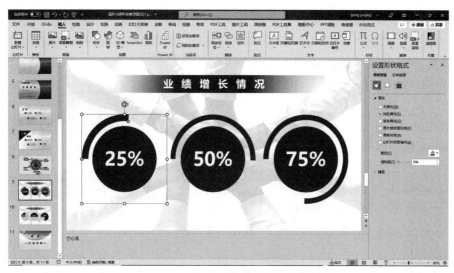

图 9-59　空心弧表示业绩增长百分比

（8）方法 2:单击"插入"选项卡→"插图"功能区→"形状"按钮,在弹出的下拉菜单中选择"基本形状"中的"不完整圆",在页面编辑区拖拽鼠标绘制出 3 个不完整圆,通过调整黄色控制点,调节不完整圆的扇面弧度;通过调整白色控制点,调整不完整圆的大小,"形状轮廓"设为"无轮廓",填充颜色设为标准色中的蓝色(♯0070C0);同时,在 3 个不完整圆的下方插入 3 个圆,颜色设为灰色(♯E7E6E6),设置形状效果为"阴影"的"外部"选项中的"偏移:右下"效果,并添加业绩百分比数字,完成效果如图 9-60 所示。

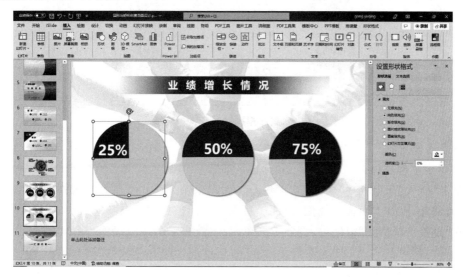

图 9-60　不完整圆表示业绩增长百分比

以上就是一套从封面页到结束页,最后到内容页的制作全过程。本案例中 PPT 封面页和结束页利用合并形状获得特殊的形状,对页面进行版式设计,获得了独特的构图效果;内容页利用空心弧和不完整圆非常形象地表现了业绩增长情况。

9.4.3 项目案例:岗位竞聘 PPT 整体性设计

PPT 原稿每页均有一张校园风景照片作为主图,但简单的堆积使画面杂乱、层次不清。本案例采用渐变蒙版、图片裁剪、SmartArt 图表、形状透明度设置等方法,对 PPT 色调版式等进行整体设计,力求画面简洁大方、主题突出,具体方法步骤如下:

(1) 一个岗位竞聘 PPT 封面页选用航拍的校园风光图片,但由于未做任何处理,在图片上直接插入标题及落款等文字,且在副标题下方设计了一块白色红边矩形,使得整个画面层次感不强、稍显零乱、缺少美感,如图 9-61 所示。

图 9-61 PPT 封面页原稿

(2) 单击选择副标题文本框,单击"形状格式"选项卡→"形状样式"功能区→"形状填充"按钮,将形状填充设为"无填充";单击"形状轮廓"按钮,将形状轮廓设为"无轮廓",如图 9-62 所示。

图 9-62 删除副标题形状及轮廓填充

(3) 单击选择封面校园航拍主题图片,单击"图片格式"选项卡→"大小"功能区→"裁剪"按钮,将图片下移留出主标题位置,删除不需要的区域,如图 9-63 所示。

(4) 单击"插入"选项卡→"插图"功能区→"形状"按钮,从下拉列表中选择"矩形",绘制矩形时,注意高度略小于 PPT 页面的高度,以便于后期对图片进行调整和其他操作,如图 9-64 所示。

(5) 在"设置形状格式"窗格中,设置矩形填充颜色,将形状填充设为"渐变填充","类型"设为"线性","角度"设为"90°","渐变光圈停止点 1"的颜色设为深蓝色(♯0069B8),位置、透明度均设为默认值"0%",效果如图 9-65 所示。

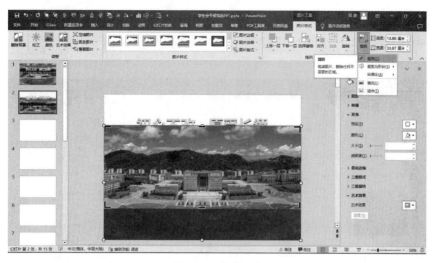

图 9-63　裁剪图片

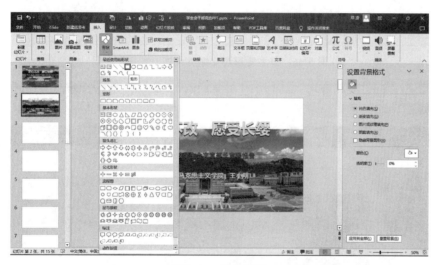

图 9-64　插入矩形

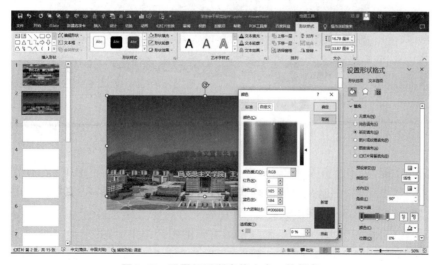

图 9-65　设置矩形渐变停止点 1 的颜色

（6）设置"渐变光圈停止点 2"的颜色为浅蓝色（♯00B0F0），"位置"设为"47％"，"透明度"设为"0％"；设置"渐变光圈停止点 3"的颜色为浅蓝色（♯00B0F0），"位置"设为"79％"，"透明度"设为"100％"，如图 9-66 所示。

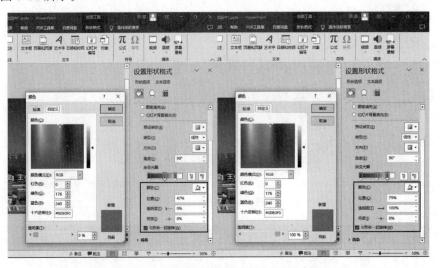

图 9-66　设置矩形渐变停止点 2、3 的参数

（7）单击矩形，单击"形状格式"选项卡→"形状样式"功能区→"形状轮廓"按钮，将形状轮廓设为"无轮廓"，如图 9-67 所示。

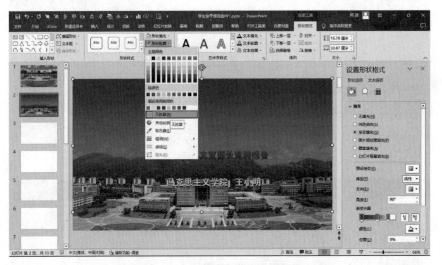

图 9-67　设置形状轮廓为"无轮廓"

（8）按住 Shift 键，单击图片和矩形，选中后右击，在弹出的快捷菜单中选择"置于底层"，如图 9-68 所示。

（9）按住 Shift 键，单击所有文本框，选中文字，单击"形状格式"选项卡→"艺术字样式"功能区的样式列表的右下角"其他"按钮，从展开的样式列表中单击"清除艺术字样式"按钮，如图 9-69 所示。

（10）设置主标题字体字号，字体设置为"方正榜书行简体"，给人力量和厚重感，为让标题更具设计感和节奏感，字号设置为大小不等，起到错落有致的编排效果，"初"字设为"115 磅"，"缨"字设为"100 磅"，"心""改""愿"三字均设为"96 磅"，"不""受""长"三字均设为"88 磅"，如图 9-70 所示。

图 9-68 将矩形和图片"置于底层"

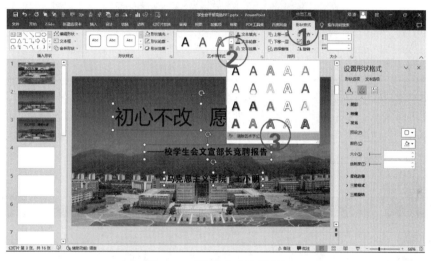

图 9-69 "清除艺术字样式"

图 9-70 设置主标题字体字号

（11）设置主标题字符间距。单击选择主标题文本框，单击"开始"选项卡→"字体"功能区右下角斜向箭头图标(红圈处小箭头)，在弹出的"字体"对话框中，选择"字符间距"选项页，设置"间距"为"紧缩"，"度量值"为"8 磅"，如图 9-71 所示。

图 9-71　设置主标题字符间距

（12）设置主标题字颜色。单击选择主标题文本框，单击"形状格式"选项卡→"艺术字样式"功能区的右下角斜向箭头，在右侧弹出的"设置形状格式"窗格中，将文本填充选择为"渐变填充"，设置"渐变光圈停止点 1"的颜色为"白色"(♯FFFFFF)，"类型"设为"线性"，"角度"设为"90°"，"位置"设为"0%"；设置"渐变光圈停止点 2"的颜色为"黄色"(♯FFFF00)，"位置"设为"100%"，如图 9-72 所示。

图 9-72　设置主标题字颜色

（13）设置主标题字阴影效果。单击选择主标题文本框，在"设置形状格式"窗格"文本选项"的"文字效果"选项页中，设置阴影效果，"颜色"设为"黑色"(♯000000)，"透明度"设为"25%"，"模糊"设为"4 磅"，其他保持默认值，如图 9-73 所示。

图 9-73　设置主标题阴影

（14）设置副标题的字体及颜色。将副标题位置适当上移，字体设为"庞门正道标题体 3.0"，字号设为"40 磅"，字体颜色设为"白色"（♯FFFFFF）；在"设置形状格式"窗格"文本选项"的"文字效果"选项页中，设置阴影效果，"模糊"设为"14 磅"，其他参数采用默认值，如图 9-74 所示。

图 9-74　设置副标题字体及颜色

（15）设置单位及报告人姓名的字体及色彩。选择文本框，将文字适当向上移动，以不遮挡主体建筑为宜，字体设为"微软雅黑"、"加粗"，字体颜色设为"金色"（♯FFE699），字号设为"32 磅"，阴影设置与副标题一致即可，如图 9-75 所示。

（16）整体调整，完善相关细节，封面页完成效果如图 9-76 所示。

（17）打开内容页"校学生会组织机构"幻灯片，此页面选择了校园航拍风光图为背景，但中间白色矩形遮挡了主体，照片中的美景没有得到充分展示，同时组织机构的文字编排层级不够清晰，如图 9-77 所示。

图 9-75　设置单位及报告人姓名文字效果

图 9-76　封面页完成效果

图 9-77　"校学生会组织机构"页面

　　(18)分别单击选择白色矩形和校徽图案,按 Delete 键将其删除;单击选择校园航拍图片,将图片右半部分进行裁剪,并适当调整图片位置,将画面中心位置显示出来,PPT 页面的右侧留出空白,放置组织机构文字,如图 9-78 所示。

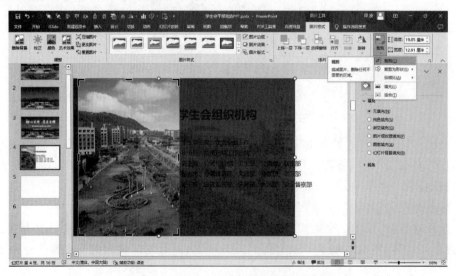

图 9-78　删除矩形和校徽,裁剪主体图片

（19）将"校学生会组织机构"标题文字设置为竖排。单击选择该文本框，单击"开始"选项卡→"段落"功能区→"文字方向"按钮，在弹出的下拉列表中单击选择"竖排"，然后将其移动至图片右侧适当位置，如图9-79所示。

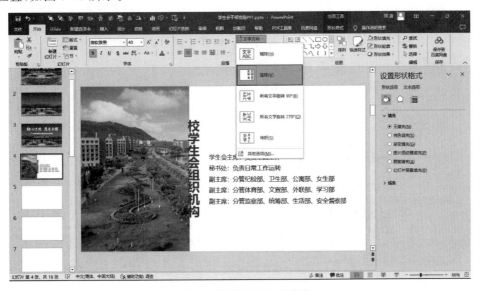

图 9-79　设置标题文字方向

（20）单击标题字文本框，首先将文本框的形状高度调整为与PPT页面同高，单击"形状格式"选项卡→"段落"功能区的右下角斜向箭头图标，在弹出的"段落"对话框中，将文本段落由之前的"1.5倍行距"调整为"单倍行距"，如图9-80所示。

图 9-80　调整标题文字的行距

（21）单击"形状格式"选项卡→"形状样式"功能区→"形状填充"按钮，将文本框的填充颜色设为蓝色（♯0070C0），字体与字号与原稿保持不变，字体颜色设为白色（♯FFFFFF），如图9-81所示。

（22）选择标题文本框，按 Ctrl＋D 快捷键，复制标题文本框，删除标题字并将该文本框"置于底层"，再稍微向右移动，将形状填充颜色设为浅蓝色（♯00B0F0），此时明度不同的蓝色增加了画面的层次感，如图 9-82 所示。

图 9-81　设置标题形状填充颜色

图 9-82　复制标题文本框并设置颜色

（23）编排各部门文字，删除多余文字，将所有文字编排成纵向排版，如图 9-83 所示。

（24）依次选择不同机构文字，单击"开始"选项卡→"段落"功能区的"提高列表级别"按钮，调整文本的缩进级别，即：学生会主席保持位置不变，副主席缩进一级，各部门缩进两级，如图 9-84所示。

（25）选择编排好列表级别的文字，右击，在弹出的快捷菜单中单击选择"转换为 SmartArt"命令→"其他 SmartArt 图形"命令，如图 9-85 所示。

（26）在弹出的"选择 SmartArt 图形"对话框中，选择"层次结构"→"水平组织结构图"，如图 9-86所示。

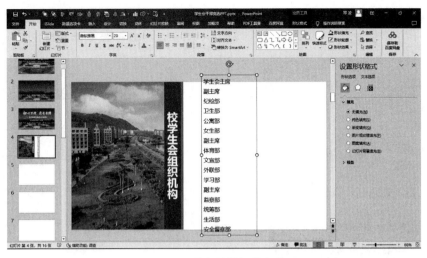

图 9-83   纵向编排机构名称

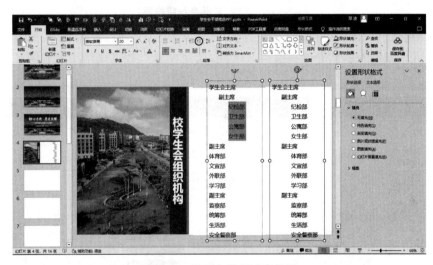

图 9-84   设置各部门列表级别

图 9-85   选择"转换为 SmartArt"命令

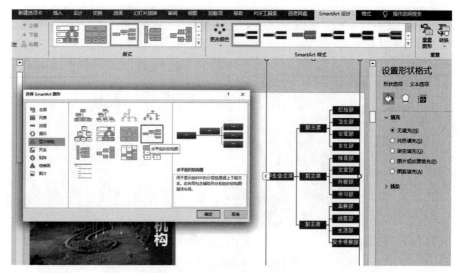

图 9-86　选择"水平组织结构图"

（27）首先拖动 SmartArt 图形框的控制点，整体调整 SmartArt 图形的大小，而后按住 Shift 键，依次选择同一级别的多个需要调整的文本框，拖动控制点适当调整文本框的长度或宽度，如图 9-87 所示。

图 9-87　调整文本框大小

（28）按住 Shift 键，依次选择同一级别的多个文本框，调整文本框的形状填充颜色，"学生会主席"文本框填充颜色设为深红色(♯C00000)，"副主席"文本框填充颜色设为深蓝色(♯002060)，各部门文本框填充颜色设为蓝色(♯4472C4)，如图 9-88 所示。

（29）按住 Shift 键，依次选择所有文本框，单击"格式"选项卡→"形状"功能区→"更改形状"按钮，在下拉列表中选择"矩形：圆角"，如图 9-89 所示。

（30）在幻灯片空白处右击，在弹出的快捷菜单中选择"设置背景格式"命令；在"设置背景格式"窗格中，单击选择"填充"选项卡→"纯色填充"，为了让画面色彩更为协调与柔和，将幻灯片背景颜色设为浅蓝色(♯♯E7FFFF)，如图 9-90 所示。

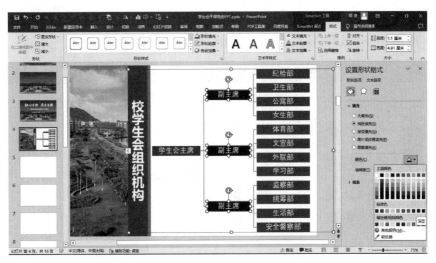

图 9-88　设置文本框填充颜色

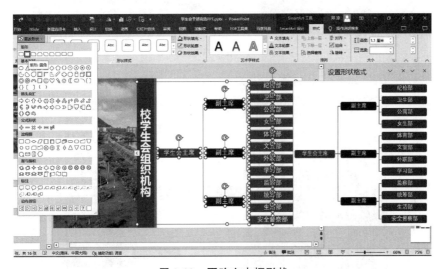

图 9-89　更改文本框形状

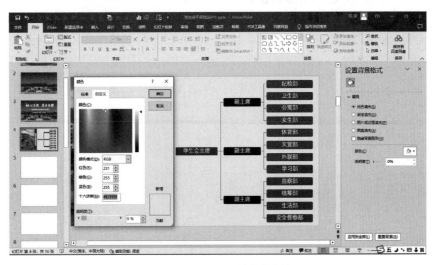

图 9-90　设置幻灯片背景颜色

（31）插入蓝色校徽图片，调整其大小和位置。单击"图片格式"选项卡→"调整"功能区→"颜色"按钮，在下拉列表中选择"重新着色"中的"冲蚀"选项，如图 9-91 所示。

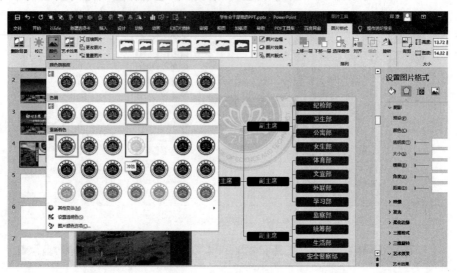

图 9-91　设置校徽图片

（32）整体调整完善，完成效果如图 9-92 所示。

图 9-92　完成效果图

参 考 文 献

[1] 邵云蛟.PPT 设计思维：教你又好又快搞定幻灯片[M].北京：电子工业出版社,2016.
[2] 张栋.PPT 最强教科书[M].北京：中国青年出版社,2022.
[3] 邵云蛟.PPT 设计思维(实战版)[M].北京：电子工业出版社,2022.
[4] 秋叶,等.和秋叶一起学 PPT：又快又好打造说服力幻灯片[M].北京：人民邮电出版社,2014.
[5] 回航.从平凡到非凡：PPT 设计蜕变[M].北京：中国水利水电出版社,2021.
[6] 平本久美子.好设计破解法：一学就会的 65 个平面设计技巧[M].任国亮,张磊,金蕾,译.武汉：华中科技大学出版社,2018.
[7] 陈魁.PPT 演义：100％幻灯片设计密码[M].北京：电子工业出版社,2011.
[8] 董庆帅.UI 设计师的版式设计手册[M].北京：电子工业出版社,2017.
[9] 陈魁.好 PPT 坏 PPT：锐普的 100 个 PPT 秘诀[M].北京：中国水利水电出版社,2019.
[10] 龚玉清.Photoshop 边做边学：微课视频版[M].北京：清华大学出版社,2021.
[11] 龚玉清,程宇,朱云.大学计算机应用基础教程[M].北京：清华大学出版社,2022.
[12] 冯注龙.PPT 之光：三个维度打造完美 PPT[M].北京：电子工业出版社,2019.
[13] 芭芭拉·明托.金字塔原理[M].海口：南海出版公司,2019.
[14] 偷懒的技术.PPT 表达力：从 Excel 到 PPT 完美展示：案例视频版[M].北京：中国水利水电出版社,2021.
[15] 罗欣.PPT 设计原理：教你系统设计专业级幻灯片[M].北京：电子工业出版社,2018.
[16] 黄方闻.视觉之外全链路 UI 设计思维的培养与提升[M].北京：人民邮电出版社,2020.
[17] 赖宝山.军营多媒体设计实战演练[M].北京：蓝天出版社,2017.

附录A

PPT常用快捷键

序　号	快　捷　键	表　示　操　作
1	Ctrl＋N	新建空白演示文稿
2	Ctrl＋M	新建一页幻灯片
3	Ctrl＋A	全选对象
4	Ctrl＋S	保存文件
5	Ctrl＋G	组合对象
6	Ctrl＋Z	撤销上一步操作
7	Delete	删除对象
8	Ctrl＋D	复制并粘贴对象
9	Ctrl＋C	复制
10	Ctrl＋V	粘贴
11	Ctrl＋F	查找
12	Ctrl＋H	替换
13	Ctrl＋E	文本居中对齐
14	Ctrl＋B	文本加粗
15	Ctrl＋I	文本倾斜
16	Ctrl＋P	显示绘图笔（幻灯片放映状态下）
17	F5	从头开始放映幻灯片
18	Shift＋F5	从当前幻灯片开始放映
19	Esc	退出演示播放
20	Ctrl＋鼠标滚轮向前滚动	放大幻灯片显示区域
21	Ctrl＋鼠标滚轮向后滚动	缩小幻灯片显示区域